普通高等教育"十二五"规划教材

机械加工与互换性基础

柳秉毅　主　编

张　丽　李　芳　副主编

张建润　主　审

化学工业出版社

·北京·

本书是根据目前工科本科教育中课程体系改革的精神与方向，将机械加工和互换性基础等相关课程的内容加以整合，并结合应用型工程技术人才培养的教学特色而编写的。

本书共分 9 章，主要内容包括：切削加工基本原理、机械加工方法、机械加工工艺规程设计、特种加工与先进加工制造技术、零件的结构工艺性、互换性与技术测量基础知识、尺寸公差与配合、几何公差、表面粗糙度等；每章均附有习题和思考题。本书注意突出重点，在夯实理论基础的同时，引导学生学以致用，加强对学生工程素质和综合能力的培养，并加大了对新技术、新工艺和新材料内容的介绍。

本书可作为高等工科院校机械类专业以及材料类、材料加工类和自动化等近机类专业学生的教材，也可供高职高专、成人教育学院和职大、电大等的同类专业选用，或供相关的工程技术人员参考。

图书在版编目（CIP）数据

机械加工与互换性基础/柳秉毅主编. —北京：化学工业出版社，2012.7
普通高等教育"十二五"规划教材
ISBN 978-7-122-14037-1

Ⅰ. 机… Ⅱ. 柳… Ⅲ.①机械加工-高等学校-教材②零部件-互换性-高等学校-教材 Ⅳ.①TG506②TG801

中国版本图书馆 CIP 数据核字（2012）第 073215 号

责任编辑：杨　菁　金玉连　　　　　文字编辑：彭喜英
责任校对：宋　玮　　　　　　　　　装帧设计：韩　飞

出版发行：化学工业出版社（北京市东城区青年湖南街 13 号　邮政编码 100011）
印　　装：三河市延风印装厂
787mm×1092mm　1/16　印张 11½　字数 282 千字　2012 年 9 月北京第 1 版第 1 次印刷

购书咨询：010-64518888（传真：010-64519686）　　售后服务：010-64518899
网　　址：http://www.cip.com.cn
凡购买本书，如有缺损质量问题，本社销售中心负责调换。

定　　价：26.00 元　　　　　　　　　　　　　　版权所有　违者必究

前　言

　　本书是根据目前工科本科教育中课程体系改革的精神与方向，将机械加工和互换性基础等相关课程的内容加以整合，并按照教育部有关课程教学指导委员会制定的课程教学基本要求，结合应用型工程技术人才培养的教学特色而编写的。

　　本书主要介绍机械加工、特种加工和互换性的基础知识，包括机械加工和互换性的基本原理、机械加工方法及工艺规程设计、特种加工、零件的结构工艺性、尺寸公差与配合、几何公差、表面粗糙度等内容，还简要介绍了一些先进的加工制造技术，以拓宽学生的知识面，适应现代制造业中生产加工技术发展的现状和趋势，满足21世纪对应用型工程技术人才培养的要求。本书以"强化基础，注重应用，培养能力"作为基本指导思想，在编写上具有以下主要特点。

　　（1）加强对相关基本理论的论述，同时注重理论联系实际的原则，突出培养应用型人才的特色，坚持学以致用。

　　（2）遵循知识的系统性与认识的循序渐进相结合的原则，以整体优化的思路来构建本教材的整体知识系统和其内在的逻辑联系，对教学体系和内容进行了较大的整合和精炼。

　　（3）处理好新、旧教学内容之间的关系，加强了对新材料、新工艺、新技术内容的介绍，以帮助学生扩大视野和增强创新意识。

　　（4）书中的专业技术术语和符号的使用均按照最新的国家标准中的规定。

　　（5）在编写风格上力求做到深入浅出，思路清楚，通俗易懂，便于教学。

　　本书由南京工程学院柳秉毅任主编，张丽、李芳任副主编。绪论、第4章由柳秉毅编写，第1章、第3章和第7章7.6节由张丽编写，第2章和第5章由王志斌编写，第6章、第7章7.1～7.5节、第8章和第9章由李芳编写。全书由东南大学张建润教授主审。

　　本书编写过程中，参考了许多有关的教材和学术资料（见书后参考文献），借鉴了一些高校课程教学改革的成果，在此一并致以谢意。

　　由于编者水平所限，书中不当之处在所难免，望读者批评指正。

编者

2012 年 2 月

目　　录

绪　　论

　　机械加工是材料成形加工中的一个重要技术种类。材料成形加工是制造工程领域中的基础性技术，从加工原理上看，可将其分为变形成形（如铸造、塑性加工）、叠加成形（如焊接、粘接）和去除成形（如机械加工、特种加工）等几种基本类型。其中，去除成形就是通过从原材料上去除掉一部分材料，从而获得所需形状和尺寸的制品的加工方法。人类最早使用的材料加工技术就是去除成形（即石器的打磨），由此支撑起了石器时代，而且直到今天，这一技术依然在现代制造业中发挥着极其重要的作用。

　　伴随着长期以来生产和科技的发展，去除成形技术自身也发生了巨大的进步。从加工过程的操作方式上，已经从原始的以手工为主的操作发展到利用各种机床进行加工的机械化操作，并且随着与计算机和数控技术的结合而向自动化、柔性化和智能化方向发展；从材料去除的方法机理上，已不再仅仅局限于传统上的以机械能驱动刀具或磨具来进行的切削加工，而且不断发展出了将电能、声能、热能、光能和化学能等能量形式直接作用于加工对象上而将材料去除的各种特种加工方法，从而大大扩展了加工的范围。

　　如上所述，去除成形技术可以分为切削加工和特种加工两大类，其中切削加工可再分为钳工（使用手工工具进行切削加工）和机械加工（使用机床进行切削加工）。而且，机械加工和特种加工有一个共同的特点，就是它们都是通过工件和工具（如刀具、工具电极、激光头等）之间的相对机械运动来实现其加工过程的，所以习惯上也常将后者纳入到机械加工范畴中进行介绍。以机械、电子产品制造为代表的现代制造工程是机械加工技术应用的主要领域，因此，通常都是以机电产品或零件的加工作为工程背景来介绍机械加工知识的。

　　机械加工的目的是要获得具有一定形状和所要求的精度及表面质量的零件。零件之所以要达到一定的精度和表面质量要求，这一方面是为了满足其自身的使用性能要求，另一方面还常常是为了满足其互换性的要求。因为，大多数的机械零件并不是单独工作的，而是要通过装配在机器上才能发挥作用的。因此，在批量生产的情况下，所加工出来的某一类零件（如齿轮），只要规格相同，就应该无需经过挑选或修整即可在机器上顺利安装并正常工作。机械零件的这种性质叫做互换性，互换性与机械零件的加工制造及装配有着密切的关系。

　　本课程是高等工科院校机械类专业以及材料类、材料加工类、自动化等近机械类专业学生的技术基础课，主要讲授的是与机械加工工艺和互换性有关的基本知识。由于金属材料在机械制造领域中仍然占有主导地位，因此，本书以介绍金属加工为主。

　　学生在学完本书内容之后，应达到以下基本要求：

　　① 掌握常用的机械加工（包括特种加工）方法的基本原理、工艺特点和应用场合，对于典型零件初步具有加工方法选择和进行工艺分析的能力；

　　② 具有运用工艺知识，分析零件结构工艺性的初步能力，了解与机械加工技术有关的新材料、新工艺及其发展趋势；

　　③ 掌握互换性和技术测量的基本知识，掌握常用的几何量公差标准（尺寸公差、形位公差、表面粗糙度等）的主要内容、特点和应用。

　　本课程的先修课是金工实习、工程制图、工程材料、材料成形工艺等课程，以使学生具备一定的材料成形加工的感性知识以及有关机械制图和工程材料的基础知识。

本课程的特点是以叙述性内容为主，涉及面广、信息量大、实践性强，因此，除了课堂讲授之外，还应对本课程的现场参观、课堂讨论和实验教学等给予充分重视并积极参与。要注意结合金工实习的实践经历和平时日常生活中接触到的机械产品的实例，加深对所学内容的理解。同时，在学习方法上也应当进行适当的调整，以求获得良好的学习效果。

第1章 切削加工基本原理

切削加工是用切削工具从坯料上切去多余的材料，从而获得具有所需的形状、尺寸精度和表面粗糙度的零件的加工方法。大多数机械零件都需要通过对其毛坯进行切削加工后才能最终获得。虽然切削加工的形式有多种多样，但它们的加工过程都具有一些共同的现象，遵循一定的共同规律，了解这些现象和规律是学好机械加工工艺的基础，对于保证零件质量、提高劳动生产率和降低成本，有着指导性的意义。

1.1 切削运动与切削用量

1.1.1 切削运动

机械零件的形状很多，但分析起来，主要是由以下几种表面组成，即外圆面、内圆面（孔）、圆锥面、平面和成形面（如螺纹、齿面等）。由于这些表面的形成方法各不相同，因此，可以用不同的加工方法来获得所需形状。图1-1所示为常见的机加工方法示意图。

由图1-1可以看出，切削加工时，刀具与工件之间必须有一定的相对运动，即切削运动。它包括主运动（图中Ⅰ所示）和进给运动（图中Ⅱ所示）。

① 主运动是切下切屑所需的最基本的运动。在切削运动中，主运动的速度最高、消耗的功率最大。如车削时工件的旋转，牛头刨床刨削时刨刀的直线运动等，都是主运动。

② 进给运动是多余材料不断被投入切削，从而加工出完整表面所需的运动。如车削时车刀的纵向或横向运动，钻孔时钻头的轴向移动，磨削外圆时工件的旋转和工作台带动工件的纵向移动均属于进给运动。

一般来说，主运动只有一个，进给运动可以有一个，两个（铣螺旋槽、滚切齿轮、磨外圆等）或更多（插键槽时，工作台可作纵向、横向和圆周运动）。

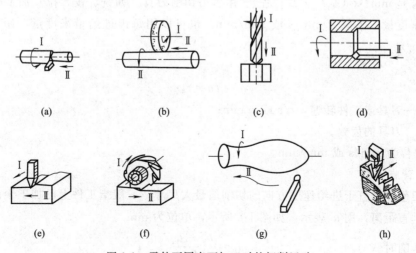

图 1-1 零件不同表面加工时的切削运动

在切削过程中，工件上形成了三个表面（图 1-2），即

已加工面——工件上切除切削层后所形成的表面。

待加工面——工件上将要被切除切削层的表面。

加工表面——工件上正在切削的表面。

1.1.2 切削用量

切削用量是衡量切削加工时切削运动大小及工件与刀具相对位置的量。它包括切削速度、进给量和背吃刀量三个要素。这三要素在切削加工中缺一不可，对切削过程有重要影响。

1.1.2.1 切削速度

切削速度即单位时间内，刀具相对于工件沿主运动方向的相对位移。当主运动是回转运动时，则其切削速度为

$$v = \frac{\pi d n}{1000} \tag{1-1}$$

式中　d——工件待加工表面直径 d_w 或刀具直径 d_0，mm；

　　　n——工件或刀具的转速，r/s 或 r/min。

v 的单位为 m/s 或 m/min。

若主运动为往复运动时，则切削速度为平均速度：

$$v = \frac{2 L n_r}{1000} \tag{1-2}$$

式中　L——往复运动行程长度，mm；

　　　n_r——主运动每秒钟的往复次数，st/s 或 st/min。

1.1.2.2 进给量

进给量是单位时间内，刀具相对于工件沿进给运动方向的相对位移。用进给速度 v_f 或进给量 f、f_z 来表示，不同的加工方法，进给量的表述和度量方法也不相同。

当主运动为旋转运动（如车、钻、镗）时，进给量 f 的单位是 mm/r，即工件或刀具每转一周时，两者沿进给方向之相对位移；当主运动为往复直线运动（如刨、插）时，则进给量 f 的单位是 mm/st（毫米／双行程）。用多刃切削刀具（如铣、铰、拉）加工时，常以进给速度 v_f 来度量，单位为 mm/s 或 mm/min。也可以用每齿进给量来度量，用 f_z 来度量，单位是 mm/z。

显然，

$$v_f = f n = f_z n z \tag{1-3}$$

式中　n——刀具或工件转速，r/s 或 r/min；

　　　z——刀具的齿数。

v_f 的单位为 mm/s 或 mm/min。

1.1.2.3 背吃刀量

背吃刀量即垂直于进给速度方向的切削层最大尺寸，一般指工件上已加工表面和待加工表面间的垂直距离，用 a_p 表示，如图 1-2 所示，单位为 mm。

外圆车削时

$$a_p = \frac{d_w - d_m}{2} \tag{1-4}$$

钻孔时
$$a_p = \frac{d_m}{2} \tag{1-5}$$

式中　d_m——已加工表面直径，mm；

　　　d_w——工件待加工表面直径，mm。

1.1.3　切削层几何参数

切削层是指工件上切削刃正在切削着的那一层金属。如图 1-2 所示，车刀移动 f 之后，切下的金属层即为切削层。切削层的大小和形状决定了切削部分所承受的载荷大小及切下的切屑的形状和尺寸，直接影响到加工质量、生产率和刀具的磨损。

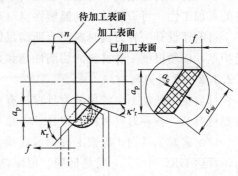

① 切削厚度 a_c

切削厚度指垂直于加工表面来度量的切削层尺寸，单位 mm。车外圆时，

$$a_c = f\sin\kappa_r \tag{1-6}$$

图 1-2　车削时的切削要素

② 切削宽度 a_w

切削宽度指沿加工表面度量的切削层尺寸，单位 mm。车外圆时，

$$a_w = a_p / \sin\kappa_r \tag{1-7}$$

③ 切削面积 A_c

切削面积指切削层在垂直于切削速度的截面内的面积，单位 mm^2。车外圆时，

$$A_c = a_w a_c = a_p f \tag{1-8}$$

1.2　切削刀具的材料与结构

在金属切削过程中，刀具直接参与切削，在很大的切削力和很高的温度下工作，并且与切屑和工件都产生剧烈的摩擦，工作条件极为恶劣。刀具一般由两部分组成，即工作部分和夹持部分。夹持部分的作用是用来将刀具夹持在机床上，并能保持刀具正确的工作位置，同时传递运动及动力。工作部分是刀具上直接参加切削工作的部分。刀具切削能力取决于刀具的材料、几何角度及结构，这些因素直接影响到加工表面质量、生产率和加工成本。为使刀具具有良好的切削能力，必须选用合适的材料、合理的角度及适当的结构。

1.2.1　刀具材料

1.2.1.1　刀具材料应具备的性能

刀具要在强力、高温和剧烈的摩擦下工作，同时还要承受冲击和振动，因此刀具材料应满足以下基本要求。

（1）较高的硬度　刀具材料的硬度必须高于工件材料的硬度。金属切削刀具的常温硬度一般要求在 60HRC 以上。

（2）较高的强度和韧性　强度是指材料抵抗外力破坏的能力，有较高的强度才能承受较大的切削力。韧性表示材料在断裂前吸收能量和进行塑性变形的能力，韧性好的材料承受冲击力和振动的能力就高。

（3）较好的耐磨性　耐磨性是指材料抵抗磨损的能力。它是材料强度、硬度和组织结构等因素的综合反映。较好的耐磨性可保证刀具维持一定的切削时间。

（4）良好的耐热性　耐热性是指材料在高温下仍能保持其硬度、耐磨性的能力。耐热性也叫热硬性或红硬性。因为切削区温度很高，故有热硬性的要求。

（5）良好的工艺性　工艺性也是一个综合性能。为了便于刀具制造，要求刀具材料有良好的可加工性、可刃磨性、高温塑性（对热轧刀具）及其在热处理时不易脱碳、变形等。

目前还没有一种刀具材料能全面满足以上要求，因此必须了解常用和新型刀具材料的性能特点，以便根据工件材料的切削性能和加工要求，选用合适的刀具材料。

1.2.1.2　常用刀具材料

目前在切削加工中常用的刀具材料有：碳素工具钢、合金工具钢、高速钢、硬质合金和陶瓷材料等。各种刀具材料的牌号、特性与应用等如表 1-1 所示。

（1）碳素工具钢　碳素工具钢是含碳量为 0.7% ～1.2% 的优质碳素钢，淬火后硬度较高，可达 HRC61～65，价格低廉。但耐热性较差，当温度超过 200℃ 时，即失去原有硬度，且淬火后易变形和开裂。常用来制造手工工具，如锉刀、锯条等。常用牌号为 T10A、T12A。

（2）合金工具钢　合金工具钢是在碳素工具钢中加入少量的 Cr、W、Mn、Si 等合金元素形成的刀具材料，含碳量为 0.85% ～1.5%，合金元素的总含量在 5% 以下。由于合金元素的加入，使其耐热性和耐磨性有所提高，并减少热处理变形，常用于制造形状复杂但切削速度不太高的刀具，如铰刀、板牙、丝锥等。常用牌号有 9CrSi、CrWMn 等。

（3）高速钢　高速钢是在钢中加入较多 Cr、W、V 等合金元素的合金工具钢。由于较多合金元素的加入，形成大量高硬度的合金碳化物，使得高速钢的耐热性、耐磨性都比合金工具钢有显著提高，耐热温度可达到 550～600℃，故其允许的切削速度为 30～50m/min，是碳素工具钢的 5～6 倍。高速钢是目前应用最广泛的刀具材料之一，常用来制造各种形状复杂的刀具，如麻花钻、铣刀、拉刀、齿轮刀具和其他成型工具等。常用牌号为 W18Cr4V、W6Mo5Cr4V2 等。

（4）硬质合金　硬质合金是以高硬度、难熔的金属碳化物（WC、TiC 等）粉末为基体，以 Co、Mo、Ni 等作黏结剂经压制烧结而成的一种粉末冶金材料。它的硬度高，耐磨、耐热性好，许用切削速度远远超过高速钢。但其抗弯强度及韧性都比高速钢低，工艺性也不如高速钢。因此，硬质合金常用于制造形状简单的高速切削刀片，经焊接或机械夹固在车刀、刨刀、端铣刀、钻头等的刀体（刀杆）上使用。

目前用于切削加工的硬质合金主要有两类：一类是由 WC 和 Co 组成的钨钴类（YG）硬质合金；另一类是由 WC、TiC 和 Co 组成的钨钛钴类（YT）硬质合金。

YG 类硬质合金韧性较好，适于加工铸铁、青铜等脆性材料。但其与钢料摩擦时，耐磨性较 YT 类硬质合金差，不适于高速切削普通钢料，常用牌号有 YG3、YG6、YG8 等。其中数字表示 Co 百分含量。Co 的含量少者，较脆较耐磨。

YT 类硬质合金比 YG 硬度高、耐热性好，并且在切削韧性材料时较耐磨，但其韧性较小，故适于加工钢件。常用牌号有 YT5、YT15、YT30 等，其中数字表示 TiC 含量的百分率。TiC 的含量越多，韧性越小，而耐热性和耐磨性越高。

1.2.1.3 新型刀具材料简介

随着近年来科学技术的发展，出现了一些高强度、高硬度的难加工材料，需要有更好的刀具去完成切削加工。因此，国内外研究出了一些新型刀具材料。

(1) 高速钢的改进 为了提高高速钢的硬度和耐磨性常采用如下措施。

① 在高速钢中添加新的元素。如添加铝元素形成铝高速钢，其硬度可达 70HRC，耐热性超过 600 ℃，被称为高性能高速钢或超高速钢。

② 改进刀具制造的工艺方法。高速钢的制造质量受多方面的影响，其中碳化物的均匀性及其大小对高速钢性能影响较大，因此，用粉末冶金法细化晶粒，消除碳化物的偏析，制成粉末冶金高速钢，提高了材料的韧性和硬度，减小了热处理变形，适于制造各种高精度刀具。

(2) 硬质合金的改进 硬质合金的特点是硬度及耐磨性好，但强度和韧性低，对冲击和振动敏感。常采用以下措施加以改进。

① 改进化学成分。增添少量的碳化钽（TaC）、碳化铌（NbC），使硬质合金既有高的硬度，又有较好的韧性。

② 细化晶粒。细晶粒硬质合金硬度和强度都比同样成分的硬质合金高，硬度约提高 1.5～2HRA，抗弯强度约提高 0.6～0.8GPa。细晶粒硬质合金多用于 YG 类硬质合金。

③ 采用涂层刀片。在韧性较好的硬质合金（一般用韧性较好的 YG 类硬质合金）基体表面，涂敷一层 5～10μm 厚的 TiC 或 TiN（氮化钛），以提高其表层的耐磨性。

(3) 金刚石 金刚石分天然单晶金刚石与人造聚晶金刚石两种。天然单晶金刚石是目前最硬的物质，硬度达到 10000HV（硬质合金仅为 1000～2000HV），精车有色金属时，加工精度可达 IT5，表面粗糙度 Ra 值为 0.025～0.012μm。金刚石刀具耐磨性好，在切削耐磨材料时，刀具耐用度通常为硬质合金的 10～100 倍，可用于加工硬质合金、陶瓷和高硅铝合金等高硬度、高耐磨材料；金刚石有非常锋利的切削刃，能切下极薄的切屑，加工冷硬现象较少；金刚石抗黏结能力强，不产生积屑瘤，很适于精密加工。但其耐热性差，切削温度不能超过 700～800℃；强度低、脆性大，对振动敏感，不能承受较大的切削力和振动。因为金刚石中的碳原子和铁有很强的化学亲合力，在高温条件下，铁原子容易与碳原子作用而使其转化为石墨结构损坏刀具，所以金刚石主要用于非铁金属及其合金的超精加工，也可用于非金属材料，如酚醛塑料等的加工。

人造金刚石（PCD）是在高温高压下，由一层人造的金刚石微粉加溶剂和催化剂聚合而成的多晶体材料。它以硬质合金为基体结合成整体圆刀片。聚晶金刚石的硬度比天然金刚石低，但它的抗弯强度比天然金刚石高得多，具有良好的抗冲击和抗振性能，其价格比天然金刚石便宜。

金刚石主要用作磨具及磨料，有些则做成金刚石笔用于修整砂轮。目前已开始使用由聚晶金刚石制成的刀具，主要用于非金属及其合金的高精度、低表面粗糙度要求的车削。

(4) 立方氮化硼 立方氮化硼（CBN）是 20 世纪 70 年代才出现的新型超硬刀具材料，它是由六方氮化硼（白石墨）在高温高压下加入催化剂转变而成的。CBN 有单晶体和聚晶体两种，单晶体主要用于制造砂轮，聚晶体主要用于刀具，可做成各种各样的刀片。立方氮化硼硬度高达 8000～9000HV，仅次于金刚石；热稳定性大大高于金刚石，化学惰性大，在 1200～1300℃高温下也不易与铁合金材料发生化学作用。因此，可以加工钢铁材料，比金刚石有更广泛的应用场合。立方氮化硼能加工普通钢、冷硬铸铁、淬硬钢及高温合金等材料，其刀具寿命是硬质合金或陶瓷刀具寿命的几十倍，所加工零件的公差等级可达 IT6，表面粗糙度 R_a 值约为 $1.25\sim0.1\mu m$。可以代替磨削进行高精度的加工，生产率可比磨削高几倍。

（5）陶瓷　陶瓷刀具材料的主要成分是 Al_2O_3 和 SiN_4，添加了一定量的金属元素和金属碳化物，在高温下烧结而成的一种刀具材料。硬度为 $91\sim95HRA$，耐热温度 $1200℃$，化学稳定性好，与金属亲和力小，与硬质合金相比可提高切削速度 $3\sim5$ 倍。陶瓷的抗弯强度低，冲击韧性差，对冲击载荷敏感，切削时容易崩刃。陶瓷刀具适用于钢、铸铁及塑性大的材料的半精加工和精加工，对于冷硬铸铁、淬硬钢等高硬度材料的加工特别有效，不适于机械冲击和热冲击大的加工场合。

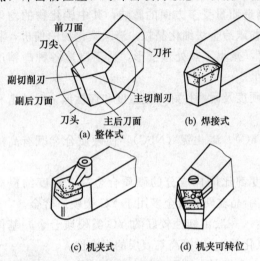

图 1-3　车刀的结构形式

1.2.2　刀具的结构

切削刀具的种类很多，如车刀、钻头、刨刀、铣刀等，它们的几何形状各异，复杂程度不同。刀具的结构形式对刀具的切削性能、切削加工的生产效率和经济效益有着重要的影响。车刀是刀具中最常用、最简单而且最基本的一种。其他种类繁多的刀具，其切削部分总是可以近似地看成是以外圆车刀的切削部分为其基本形态的。因此，研究切削刀具时，总是以车刀为基础。下面主要介绍车刀的结构。

1.2.2.1　车刀的组成及分类

车刀是由刀头和刀体组成的。刀头用来切削，故称为切削部分。刀体是用来将车刀夹固在刀架或刀座上的部分。车刀可用高速钢制作，也可在碳素结构钢的刀体上焊硬质合金刀片。其结构形式有下面四种。

（1）整车式车刀　早期使用的车刀大部分是整体结构，这种结构对贵重的刀具材料消耗较大，不经济，如图 1-3（a）所示。

（2）焊接式车刀　焊接式车刀结构简单、紧凑、刚性好、灵活性大。其制作方法是在碳钢刀杆上按照刀具几何角度的要求开出刀槽，用焊接材料将硬质合金刀片焊接在刀槽内，并按所选择的几何参数刃磨后使用。焊接式车刀的硬质合金刀片，经过高温焊接和刃磨后，会产生一定的内应力和裂纹，使切削性能下降，对提高生产效率不利，如图 1-3（b）所示。

（3）机夹重磨式车刀　为了避免焊接高温带来的缺陷、提高刀具切削性能，并使刀杆能多次使用，可采用机夹重磨式车刀。这种结构的车刀刀片和刀杆是两个可拆开的独立元件，工作时靠夹紧元件把它们紧固在一起，车刀磨损后，将刀片卸下，经过刃磨，再重新装上继续使用。这种车刀不经受焊接高温，因此避免了因焊接而带来的一些缺陷，提高了刀具耐用度，延长了使用时间，缩短了换刀时间，提高了生产效率；另外，当刀片刃磨到允许的最小尺寸限度后，可以装在小一号的刀杆上，继续使用，节省了制造刀杆的材料，提高了刀片利用率，降低了刀具成本。刀具重磨后，尺寸会逐渐缩小，为恢复其位置，在车刀的结构上设有刀片的间隙调整机构，增加刀片的重磨次数，如图 1-3（c）所示。

（4）机夹不重磨式车刀（机夹可转位式车刀）　机夹可转位式车刀是将压制有一定几

参数的多边形刀片，用机械夹固的方法装夹在标准的刀杆上。切削时，刀片上一个切削刃用钝后，只需将夹紧机构松开，将刀片转位换成另一个新的切削刃，便可继续切削。机夹可转位式车刀的组成部分有刀杆、刀片、刀垫及夹紧机构等，如图1-3（d）所示。

机夹可转位式车刀有如下特点。

① 避免了因焊接而引起的缺陷，而且由于不需重磨，还可避免刀片重磨引起的缺陷，因此在相同的切削条件下，刀具切削性能大为提高。

② 刀片上的一个切削刃用钝后，刀片转位换成另一个新切削刃时，不会改变切削刃与工件的相对位置，从而保证加工尺寸，减少了调刀时间。因此，可大大缩短停机时间，提高生产率。

③ 由于刀片一般不需重磨，有利于涂层、陶瓷等新型材料刀片的推广使用。

④ 刀杆使用寿命长，刀杆和刀片可以标准化，故可节约大量刀杆材料以及制造刀杆的费用，同时工具库的库存量就可能大为减少，有利于工具的计划供应和储存保管，提高了经济效益。

车刀切削部分是由三面、二刃、一尖组成，如图1-3（a）所示。

（1）前刀面 前刀面是指切削时，切屑流出所经过的表面。

（2）主后刀面 主后刀面是指切削时，与工件加工表面相对的表面。

（3）副后刀面 副后刀面是指切削时，与工件已加工表面相对的表面。

（4）主切削刃 主切削刃是指前刀面与主后刀面的交线。它可以是直线或曲线，承担主要的切削任务。

（5）副切削刃 副切削刃是指前刀面与副后刀面的交线。一般情况下，它仅起微量的切削作用。

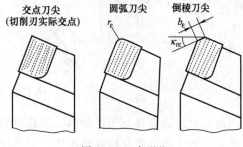

图1-4 刀尖形状

（6）刀尖 刀尖是指主切削刃和副切削刃的交接处，通常也称为过渡刃。常用刀尖有三种型式，即交点刀尖、圆弧刀尖和倒棱刀尖，如图1-4所示。

车刀切削部分各元素的关系可由图1-5来表示。

图1-5 车刀切削部分各元素的关系

1.2.2.2 车刀的标注角度及其作用

为了确定上述表面和刀刃的空间位置，首先介绍三个相互垂直的辅助平面，如图1-6所示。

（1）切削平面 切削平面是指通过主切削刃上某一点并与工件加工表面相切的平面。

（2）基面 基面即通过主切削刃上某一点并与该点切削速度方向相垂直的平面。

（3）正交平面 正交平面即通过主切削刃上某一点并与主切削刃在基面上的投影相垂直的平面。

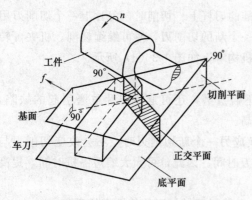

图 1-6 确定刀具角度的辅助平面

切削平面、基面和正交平面三个辅助平面是互相垂直的。

车刀的标注角度是指在刀具图样上标注的角度，也称刃磨角度。车刀的 5 个主要角度是前角 γ_o、后角 α_o、主偏角 κ_r、副偏角 κ_r' 和刃倾角 λ_s，如图 1-7（a）所示。

（1）前角 γ_o　前角在正交平面中测量，是前刀面与基面之间的夹角。

前角对切削的难易程度有很大影响。增大前角能使车刀锋利，切削较快，减小切削力和切削热。但前角过大，刀刃和刀尖的强度会下降，刀具导热体积减小，影响刀具使用寿命。前角的大小对加工工件的表面粗糙度及排屑、断屑的情况都有一定的影响。

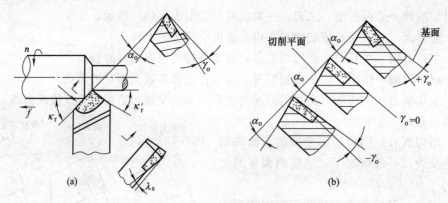

图 1-7　车刀的主要角度

前角大小的选择与工件材料、刀具材料、加工要求等有关。工件材料的强度、硬度低，前角应选得大些，反之应选得小些；刀具材料韧性好，前角可选得大些（如高速钢），反之应选得小些（如硬质合金）；精加工时前角可选得大些，粗加工时应选得小些。通常硬质合金车刀的前角在 $-5° \sim +20°$ 的范围内选取。前角的正与负，如图 1-7（b）所示。

（2）后角 α_o　后角在正交平面中测量，是主后刀面与切削平面之间的夹角。

后角的作用是为了减小后刀面与工件之间的摩擦和减少后刀面的磨损。但后角不能过大，否则同样使切削刃的强度下降。

粗加工和承受冲击载荷的刀具，为了使刀刃有足够的强度，应取较小的后角，一般为 $5° \sim 7°$；精加工时，为保证加工工件的表面质量，应取较大的后角，一般为 $8° \sim 12°$；高速钢刀具的后角可比同类型的硬质合金刀具稍大一些。

（3）主偏角 κ_r　主偏角在基面中测量，是主切削刃在基面上的投影与进给运动方向之间的夹角。

主偏角的大小影响切削条件和刀具寿命，如图 1-8 所示。在进给量和背吃刀量相同的情况下，减小主偏角可以使刀刃参与切削的长度增加，切屑变薄，因而使刀刃单位长度上的切削负荷减轻。同时加强了刀尖强度，增大了散热面积，从而使切削条件得到改善，刀具寿命提高。

主偏角的大小还影响切削分力的大小，如图1-9所示。在切削力同样大小的情况下，减小主偏角会使切深抗力 F_y 增大。当加工刚性较差的工件时，为避免工件变形和振动，应选用较大的主偏角。车刀常用的主偏角有 45°、60°、75°、90°几种。

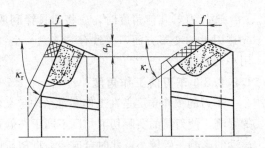

图1-8 主偏角对切削宽度和厚度的影响

减小主偏角还可以减小已加工表面残留面积的高度，以降低工件的表面粗糙度，如图1-10所示。

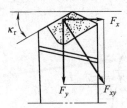 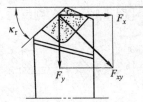

图1-9 主偏角对切深抗力的影响

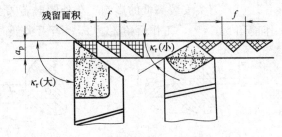

图1-10 主偏角对残留面积的影响

（4）副偏角 κ_r'　副偏角的作用是减小副切削刃和副后刀面与工件已加工面之间的摩擦，以防止切削时产生振动。副偏角的大小影响表面粗糙度。如图1-11所示，切削时由于副偏角和进给量的存在，切削层的面积 A_c 未能全部切去，总有一部分残留在已加工表面上，称为残留面积。在切削深度、进给量和主偏角相同的情况下，减小副偏角可以使残留面积减小，表面粗糙度值降低。

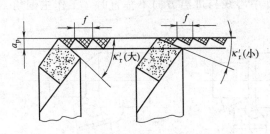

图1-11 副偏角对残留面积的影响

副偏角的大小主要根据表面粗糙度的要求来选取，一般为 5°～15°。粗加工取较大值，精加工取较小值。

（5）刃倾角 λ_s　刃倾角是指在切削平面测量的主切削刃与基面之间的夹角。

刃倾角主要影响主切削刃的强度和切屑流出的方向。如图1-12所示，当主切削刃与基面重合时，λ_s 为零，切屑沿着与主切削刃垂直的方向流出；当刀尖处于主切削刃最高点时，λ_s 为正值，主切削刃强度较差，切屑沿着待加工表面流出，不影响加工表面质量；当刀尖处于主切削刃最低点时，λ_s 为负值，主切削刃强度较好，切屑向着已加工表面流出，可能擦伤加工表面。

一般刃倾角在 $-5°～+10°$ 之间选取，粗加工时 λ_s 常用负值，精加工时为了防止切屑划伤已加工表面，λ_s 常用正值或零度值。在冲击负荷特别大时，可取 $\lambda_s = -30°～-45°$。

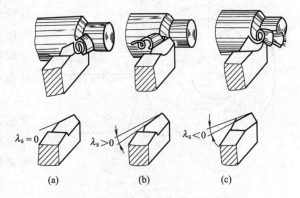

图1-12 刃倾角及对切屑流向的影响

选择刀具几何角度时，应将刀具锋利放在第一位，同时保证刀具有一定的强度。国内外先进刀具的变革方面，大致有"三大一小"的趋势，即采用大的前角、刃倾角和主偏角，采用小的后角。

1.2.2.3 车刀的工作角度

车刀的工作角度是在工作参考系中定义的角度。在切削过程中，由于刀具安装和进给运动的影响，使刀具的实际切削角度不同于在静止参考系中的角度。假如进给运动较慢，其对合成运动的影响一般较小，此时合成运动近似与假定主运动方向重合；同时，如果刀具安装正常；即车刀刀尖与工件回转轴线等高，刀柄纵向轴线垂直于进给运动和刀柄底面水平，这时车刀的工作角度近似于标注角度。但是在以下几种情况下，就要注意工作角度与标注角度的不同。

（1）刀尖安装高低的影响　车外圆时若刀尖高于工件的回转轴线［图1-13（a）］，则工作前角 $\gamma_{oe} > \gamma_o$，工作后角 $\alpha_{oe} < \alpha_o$；若刀尖低时［图1-13（c）］则反之。

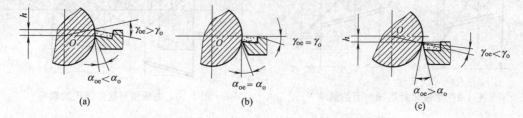

图1-13　车刀安装高低对前角和后角的影响

（2）刀杆中心线安装偏斜的影响　当刀杆中心线与进给方向不垂直时，工作主偏角 κ_{re} 和工作副偏角 κ_{re}' 将发生变化（图1-14）。

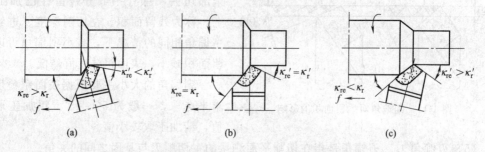

图1-14　车刀安装偏斜对主偏角和副偏角的影响

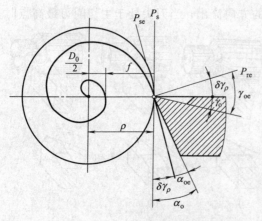

图1-15　横向进给对前角和后角的影响

（3）进给运动对工作角度的影响　以切断或车端面为例，当存在较大的横向进给运动时，刀尖的运动轨迹为阿基米德螺旋线，这时实际的切削平面和基面都发生了变化，从而形成了与标注角度不同的工作前角和后角（图1-15）。同理，纵向进给运动对工作角度也有影响。通常进给量不大时，角度的变化常可忽略，但在快速切断和车丝杆、蜗杆和多头螺纹时，必须考虑进给运动对工作角度的影响。例如车方头螺纹时，纵向进给运动对工作角度影响较大，为抵消工作时刀具角度的变化，可以事先将螺纹车刀两侧切削刃的静态后角刃磨得不一样大小，还可在螺纹车刀右侧切削刃上加磨静态前角，或将螺纹车刀倾斜角安装。

1.3 切屑形成过程

金属切削过程实质上是一种通过挤压而使表面层金属从本体分离成为切屑的过程。切削金属受刀具的挤压而产生变形是切削过程中的基本问题。金属切削过程中产生的积屑瘤、切削力、加工硬化和刀具磨损等物理现象，都是由切削过程的变形和摩擦所引起的。研究金属切削过程，对生产中的优质、高产、低消耗和切削加工技术的发展与进步有着十分重要的意义。

1.3.1 金属切削变形过程

金属的切削过程实际上与金属的挤压过程很相似。切削时金属材料受前刀面挤压，材料内部大约与主应力方向成45°的斜平面内剪应力随载荷增大而逐渐增大，产生剪应变；当载荷增大到一定程度，剪切变形进入塑性流动阶段，金属材料内部沿着剪切面发生相对滑移，随着刀具不断向前移动，剪切滑移将持续下去，如图 1-16 所示，于是被切金属层就转变为切屑。如果是脆性材料（如铸铁），则沿着剪切面产生剪切断裂。因此可以说，金属切削过程就是工件的被切金属层在刀具前刀面的推挤下，沿着剪切面（滑移面）产生剪切滑移变形并转变为切屑的过程。

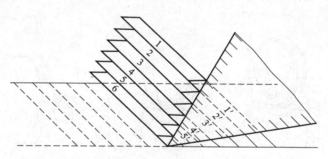

图 1-16 金属切削变形过程示意图

1.3.2 金属切削变形过程中的三个变形区

根据切削实验和理论研究，将刀具推挤切削层金属使其转变为切屑的切削区域大致划分为三个变形区。

第一变形区：在刀具前面推挤下，切削层金属发生塑性变形。从图 1-17 可以看出，切削层金属所发生的塑性变形是从 OA 线开始，直到 OM 线结束。在这个区域内，被刀具前面推挤的工件的切削层金属完成了剪切滑移的塑性变形过程，金属的晶粒被显著地拉长了。离开了 OM 线之后，切削层金属已经变成

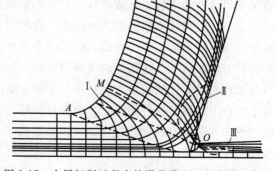

图 1-17 金属切削过程中的滑移线和三个变形区位置

了切屑，并沿着刀具前面流动。可见，这一变形区域是切屑形成的主要区域（图 1-17 的 I 区），称为第一变形区。

第二变形区：切屑沿前面流动时，进一步受到刀具前面的挤压，在刀具前面与切屑底层之间产生了剧烈摩擦，使切屑底层的金属晶粒纤维进一步拉长，其方向基本上和刀具前面平行。切屑底层的这种严重的剪切滑移变形，使切屑底层变得平整光亮。由于切屑底层的金属被拉长而顶层的金属并没有被拉长，所以切屑发生向顶层的卷曲。切屑底层金属的这个变形区域称为第二变形区（图 1-17 的 II 区）。在第二变形区内若产生切屑底层的堆积，就形成了积屑瘤。由于积屑瘤可以代替切削刃进行切削，所以，第二变形区对切削过程会产生较显著的影响。

第三变形区：切削层金属被刀具切削刃和前面从工件基体材料上剥离下来，进入第一和第二变形区，同时，工件基体上留下的材料表层经过刀具钝圆切削刃和刀具后面的挤压、摩擦，使表层金属产生纤维化和非晶质化，并使其显微硬度提高。然后，当刀具后面离开后，已加工表面和深层金属都要产生回弹，从而产生表面残留应力，这就是已加工表面的形成过程。上述已加工表面的形成过程都是在第三变形区（图 1-17 的 III 区）内完成的。已加工表面表层金属在第三变形区内的摩擦与变形情况，直接影响着已加工表面的质量。

1.3.3　切屑的种类

由于工件材料及加工条件的不同，形成的切屑形态也不相同。从变形大小来考虑，加工塑性材料时，切屑一般有三种基本形态；加工脆性材料时，切屑一般只有一种基本形态，如图 1-18 所示。

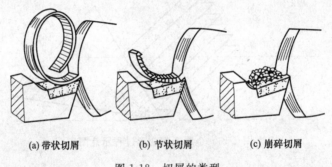

(a) 带状切屑　　　　(b) 节状切屑　　　　(c) 崩碎切屑

图 1-18　切屑的类型

(1) 带状切屑　带状切屑呈连续的带状，没有裂纹，靠近刀具前面的一面很光滑，另一面呈毛茸状。这是一种常见的切屑。通常在切削塑性材料时，切削速度较高、刀具前角较大的情况下得到这类切屑。形成带状切屑时，切削过程比较平稳，已加工表明粗糙度小、切削力波动较小，但连续不断的切屑易缠绕工件和刀具，划伤已加工表面及损坏刀具等。一般要采取卷屑或断屑措施，如刀具前刀面上磨卷屑槽或加上挡板等，以保障切削顺利进行。

(2) 节状切屑　节状切屑也叫挤裂切屑，其外形特征为切屑的背面呈锯齿形，切屑的底面有时出现裂纹。这种切屑大多在加工中等硬度的钢材时，采用较低切削速度、较大进给量粗加工时产生。形成这种切屑时，金属材料经过弹性变形、塑性变形、挤裂和切离等阶段，切削过程中的切削力波动较大，工件表面粗糙。

(3) 崩碎切屑　在切削铸铁和黄铜等脆性材料时，由于材料塑性很小，切削层金属发生弹性变形以后，一般不经过塑性变形就突然崩碎，形成不规则的碎状切屑片，即为崩碎切屑。形成崩碎切屑时，共建表面凸凹不平，切削热和切削力都集中在主切削刃和刀尖附近，刀尖容易磨损，并产生振动，影响表面质量。工件越是硬脆、刀具前角越小、切削厚度越大时，越容易产生这种切屑。

1.4 积屑瘤的形成及其影响

在一定范围的切速下切削塑性金属时，常发现在刀具前刀面靠近切削刃的部位黏附着一小块很硬的金属，这就是切削过程所产生的积屑瘤，或称刀瘤，如图 1-19 所示。

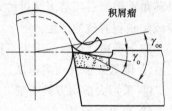

图 1-19 积屑瘤

1.4.1 积屑瘤的形成

一般认为积屑瘤是被切削的金属在切削区的高温、高压和剧烈摩擦力的作用下与刀具前刀面黏结而成的。

当切屑沿着刀具的前刀面流出时，在一定的温度与压力作用下，与前刀面接触的切屑底层金属受到的摩擦阻力超过切屑本身的分子结合力时，就会有一部分金属黏附在切削刃附近的前刀面上，形成积屑瘤。积屑瘤形成后不断长大，当达到一定高度时又会破裂，并且被切屑带走或嵌附在工件表面上。上述过程是反复进行的。

1.4.2 积屑瘤对切削加工的影响

积屑瘤对切削过程的影响可从以下几个方面考虑。

① 积屑瘤的硬度比工件材料高，包围着切削刃，可以代替前面、后面和切削刃进行切削，从而保护了切削刃，减少了刀具的磨损。

② 积屑瘤的楔形上表面代替了刀具前面，切屑沿着这个楔形表面流动。所以，刀具的实际工作前角增大了，而且，积屑瘤越高，实际工作前角越大，刀具越锋利。

③ 积屑瘤前端伸出切削刃外，则切削层公称厚度比没有积屑瘤时增大了，因而，积屑瘤直接影响加工尺寸精度。

④ 积屑瘤的顶部不稳定，容易破裂，破裂后的积屑瘤颗粒或者随切屑排出，或者留在已加工表面上。另外，积屑瘤沿切削刃方向各点的伸出量不规则，积屑瘤所形成的实际工作切削刃也不规则，会使已加工表面粗糙度数值增大，因此，积屑瘤直接影响工件表面的形状精度和表面粗糙度。

由上可知，由于积屑瘤的不稳定性和不规则性，对加工精度和表面质量的影响较显著，所以，在粗加工时可以利用积屑瘤来保护切削刃；在精加工和使用定尺寸刀具加工时，应尽量避免积屑瘤产生。

1.4.3 影响积屑瘤的因素

影响积屑瘤生成的主要因素有工件材料的加工性能、切削速度、刀具前角和冷却润滑条件等。

切削塑性金属材料时，材料的塑性越大，则切屑底层中的金属越容易黏附到刀具前面上，也就越容易产生积屑瘤。切削脆性金属材料时，切屑一般呈崩碎状，一般不会产生积屑瘤。

改变切削速度，可以避免积屑瘤的产生。低速时（$v < 5\text{m/min}$），切削温度较低，切屑流动速度较慢，摩擦力未超过切屑分子间的结合力，不会产生积屑瘤。高速时（$v > 100\text{m/min}$），温度很高，切屑底层金属变软；摩擦因数明显降低，也不会产生积屑瘤。中等速度（$20 \sim 30\text{m/min}$）时，切削温度约为 $300 \sim 400℃$，摩擦因数最大，最容易产生积屑瘤。

因此，精车和精铣一般均采用高速切削，而在铰削、拉削、宽刃精刨和精车丝杆、蜗杆等情况下，采用低速加工，以避免产生积屑瘤。

此外，对塑性很高的材料（如不锈钢）进行正火处理，以提高硬度、降低塑性；增大刀具前角；用油石研磨刃磨过的刀面，以降低刀具的表面粗糙度；采用切削液等都能有效地减少或防止积屑瘤的产生。

综上所述，可以采用以下措施来控制积屑瘤：

① 降低或提高切削速度，避开容易形成积屑瘤的切削速度；

② 采用大前角刀具切削，以减少刀具和切屑接触的压力；

③ 减少进给量；

④ 提高刀具刃磨质量，降低刀面的表面粗糙度；

⑤ 对工件材料进行适当的热处理，提高硬度，减少塑性，减少加工硬化倾向；

⑥ 采用润滑性能良好的切削液，减少切屑与前刀面的摩擦。

1.5　切削力、切削热与切削温度的产生及控制

1.5.1　切削力

在切削过程中，刀具必须克服材料的变形抗力，克服刀具与工件、切屑之间的摩擦阻力，才能切下切屑，这些阻力的合力就是作用在刀具上的总切削力，同样工件也受到大小相等、方向相反的切削力。切削力一方面使切削层金属产生变形、消耗了功，产生了切削热，使刀具磨损变钝，影响已加工面质量和生产效率；另一方面，切削力又是设计和使用机床、刀具及夹具的重要依据。掌握切削力的变化规律、计算方法和影响因素，对生产实际有重要的意义。

1.5.1.1　切削力的来源及分解

（1）切削力的来源　切削力来源于两个方面：

① 工件材料作用于刀具前刀面、后刀面上的弹性变形及塑性变形抗力；

② 切屑、工件与刀具间的摩擦力。

（2）切削力的分解　总切削力 F_r 是一个空间力，实际计算和测量其大小与方向都比较困难。为便于测量、计算和分析切削力的作用，常把切削力分解为三个互相垂直的分力 F_x、F_y、F_z。现以车外圆为例，来说明切削力 F_r 的分解方法。

车外圆时，总切削力可分解为以下三个相互垂直的分力，如图 1-20 所示。

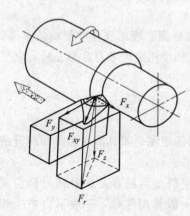

图 1-20　车削力的分解

① 主切削力 F_z（切向力）　主切削力 F_z 是总切削力

F_r在切削速度的方向上的分力，它垂直于基面，与切削速度方向一致，又称为切向力。F_z的大小占切削力F_r的80%～90%，消耗的功率也最多，占车削总功率的90%以上，故称为主切削力。F_z是计算机床动力以及主传动系统零件强度和刚度的主要依据。当主切削力F_z过大时，可能使刀具崩刃或使机床发生"闷车"现象。

② 进给抗力F_x（轴向力） 进给抗力是总切削力在进给方向上的分力。它作用在基面内，并与刀具纵向进给方向相平行，又称轴向力。F_x所消耗的功率仅为总功率的1%～5%。它是设计和计算进给机构零件强度和刚度的依据。

③ 背向力F_y（径向力） 背向力F_y是总切削力F_r在切削深度方向上的分力。它作用在基面内，并与刀具纵向进给方向相垂直，又称为径向力。因为在车外圆时，刀具在这个方向上的运动速度为零，所以不做功。但其反作用力作用在工件上，易使工件弯曲变形，特别是车削刚性差的细长轴，变形尤为明显。这不仅影响加工精度，同时还会引起振动。因此，在车削刚性较差的零件时，应设法减小或消除F_y的影响。

三个切削分力相互垂直，并与总切削力F_r有如下关系：

$$F_r = \sqrt{F_x^2 + F_y^2 + F_z^2} \tag{1-9}$$

1.5.1.2 影响切削力的主要因素

总切削力的来源有两个方面，一是克服被加工材料对弹性变形和塑性变形的抗力；二是克服切屑对刀具前面的摩擦阻力和工件表面对刀具后面的摩擦阻力。因此，凡是影响切削变形抗力和摩擦阻力的因素，都会影响总切削力，主要有以下几个因素。

（1）工件材料 工件材料的强度、硬度相近时，塑性越大的材料，发生的塑性变形也越大，所以切削力也越大。切削脆性材料时，切削层塑性变形很小，形成的崩碎切屑与前刀面的摩擦力也很小，因此脆性材料的切削力一般小于塑性材料。

（2）切削用量 背吃刀量a_p或进给量f增大时，切削面积A_c增大，金属切除量大，切削力增大。实践表明，当a_p增大一倍，F_z增大一倍；而f增大一倍时，只增加68%～86%。因此，在切削加工中，如果切削功率不变，加大进给量f并相应减少背吃刀量a_p，可以有效地减少切削力。

（3）刀具几何角度 增大前角γ_o，切屑变形减少，切削力也随之减少，加工塑性大的金属时效果尤为明显。

改变主偏角κ_r时，改变了F_y与F_x的大小，当κ_r增大时，F_y减小而F_x增大，当加工细长轴时，为了减小变形，常用主偏角$\kappa_r = 90°$的车刀。

此外，刀尖圆弧半径和刃倾角的大小、刀具磨损以及冷却润滑状况等，都影响着切屑变形和摩擦，故对切削力也有一定影响。

1.5.1.3 切削力的估算

切削力的大小是由许多因素决定的，有工件材料、刀具角度、切削用量、刀具材料和切削液等。一般影响较大的是工件材料和切削用量。

目前由于切削力的理论计算公式较繁琐，精度不高，所以用实验测量方法总结的经验公式得到广泛的应用。经验公式的形式主要有指数和单位切削力形式。

（1）指数公式 车外圆时，计算主切削力F_z的指数公式如下：

$$F_z = C_{F_z} a_p^{x_{F_z}} f^{y_{F_z}} v^{n_{F_z}} K_{F_z} \tag{1-10}$$

式中　　　　　F_z——主切削力，N；

C_{F_z}——与工件材料、刀具材料及切削条件等有关的系数；

a_p、f、v——切削三要素，单位分别为 mm、mm/r、m/min；

x_{F_z}、y_{F_z}、n_{F_z}——指数；

K_{F_z}——切削条件不同时的综合修正系数。

同样，进给力、背向力也有相同形式的指数公式，只是下标要对应。

所有系数和指数都可从相关工艺或切削手册中查到。例如，用某组特定角度的硬质合金车刀车结构钢件外圆时，可查到 $C_{F_z}=2650$，$x_{F_z}=1.0$，$y_{F_z}=0.75$，$n_{F_z}=-0.15$。在绝大多数情况下，实验数据表明背吃刀量 a_p 对 F_z 的影响比进给量 f 对 F_z 的影响大，而 v 对 F_z 的影响几乎为零，故可以在指数公式中忽略这一项。这个规律对加工中选择切削用量有极重要的指导意义。

（2）单位切削力公式　生产中，还常用切削层单位面积切削力来估算切削力的大小，如式（1-11）：

$$F_z=k_cA_c=k_ca_wa_c\approx k_za_pf \tag{1-11}$$

式中　　k_c——切削层单位面积切削力，MPa；

A_c、a_w、a_c——切削层参数，单位分别为 mm^2、mm、mm。

k_c 的数值可以从有关手册中查到。

1.5.2　切削热与切削温度

1.5.2.1　切削热

在切削过程中所消耗的切削功，绝大部分转变为热，这些热称为切削热。切削热和它导致的切削温度是影响金属切削状态的重要物理因素之一，切削时所消耗能量的 97%～99% 转化为热能。大量的热能使切削区的温度升高，直接影响到刀具的寿命和工件的加工精度及表面质量。切削热的来源主要有两个方面，如图 1-21 所示。

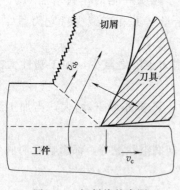

① 在刀具作用下，切削层金属发生塑性变形产生的热，即切屑变形所产生的热，这是切削热的主要来源。

② 切屑与前刀面之间的摩擦以及工件与刀具后刀面之间的摩擦所产生的热，这是切削热的另一个来源。

随着刀具材料、工件材料、切削条件的不同，上述热源的发热量也不相同。

切削热产生以后，通过切屑、工件、刀具以及周围的介质（如空气）传出。各部分传热的比例取决于工件材料、切削速度、刀具材料及刀具几何角度、是否使用切削液等。

图 1-21　切削热的来源

用高速钢车刀与之相适应的切削速度切削钢料时，约有 50%～80% 的切削热由切屑带走；10%～40% 的热传入工件；3%～9% 的热传给刀具；传给介质的热约有 1%。

传入切屑及介质的热量越多，对加工越有利。

传入工件的切削热，使工件产生热变形，影响加工精度。特别是加工薄壁零件、细长零件和精密零件时，热变形的影响更大。磨削淬火钢件时，切削温度过高，往往使工件表面产生烧伤和裂纹，影响工件的耐磨性和使用寿命。

传入刀具的热量不是很多，但由于刀具体积很小，因此，引起刀具温度升高（高速切削时，刀头温度可达 1000℃以上），加速刀具的磨损。

因此，在切削加工中，应设法减小切削热，改善散热条件，以减小高温对刀具和工件的不良影响。

1.5.2.2 切削温度

切削温度一般是指切屑、工件与刀具接触区域的平均温度。切削温度的高低，除了用仪器测定外，还可以通过观察切屑的颜色大致估计出来。例如，切削碳钢时，切屑呈银白色或淡黄色，说明切削温度不高，切屑呈深蓝色或蓝黑色，则说明切削温度很高。

切削温度的高低取决于切削热的产生与传散情况，它主要受切削用量、工件材料、刀具材料、刀具角度和冷却条件等因素的影响。

（1）切削用量 提高切削速度，使单位时间产生的切削热增加，从而使切削温度升高。切削速度对切削温度的影响最大。当进给量和背吃刀量增加时，切削力增加，摩擦力也增加，所以，切削热也增加。在切削面积相同的条件下，增加进给量与背吃刀量相比，后者可以使切削温度降低一些。因为当增加背吃刀量时，参加切削的切削刃长度增加，这有利于切削热的传散。

（2）工件材料 工件材料的强度、硬度越高，切削力和切削功率越大，产生的切削热越多，即使对同一材料，由于其热处理状态不同，切削温度也不相同。工件材料的热导率高，切削温度低。切削脆性材料时，由于塑性变形很小，崩碎切屑与前刀面的摩擦也小，产生的切削热较少。

（3）刀具材料 刀具材料的导热性好，可以使切削热很快传出，降低切削温度。

（4）刀具角度 增大刀具前角，可使切屑变形，切屑与前刀面的摩擦减小，减小切削热，降低切削温度。但前角过大，刀具的传热条件变差，反而不利于散热。主偏角减小，参加切削的刀刃长度增加，有利于散热，降低切削温度。

（5）切削液 在切削过程中，喷注足够数量的切削液，能减小摩擦和改善散热条件，带走大量的切削热，可降低切削温度 100～150℃，采用高压冷却或喷雾冷却，冷却效果就更好。使用切削液，除了冷却和润滑作用外，还可以起清洗和防锈的作用。常用的切削液分为以下几种。

① 水溶液 主要成分是水，并加入少量的防锈剂等添加剂。具有良好的冷却作用，可以大大降低切削温度，但润滑性能较差。

② 乳化液 是将乳化油用水稀释而成，具有良好的流动性和冷却作用，并有一定的润滑作用。乳化液可根据不同的用途配制成不同的浓度（2%～25%）。低浓度的乳化液用于粗车、磨削；高浓度的乳化液用于精车、精铣、精镗、拉削等。乳化液如果和机床的润滑油混合在一起，会使乳化油发生乳化，加速机床运动表面的磨损。凡贵重的或调整起来比较复杂的机床，如滚齿机、自动机等，一般不采用乳化液，而用不含硫的活性矿物油。

③ 切削油 主要用矿物油，少数采用动植物油或混合油。润滑作用良好，而冷却作用小，多用以减少摩擦和降低工件表面粗糙度。常用于精加工工序，如精刨、珩磨和超精加工等常用煤油做切削液，而攻丝、精车丝杆可用菜油之类的植物油等。

使用切削液要根据加工方式、加工精度和工件材料等情况进行选择。例如，粗加工时，切削量大，切削热多，应选冷却为主的切削液；精加工时，主要改善摩擦条件，抑制积屑瘤的产生，应选用切削油或浓度高的乳化液。切削铜合金和其他有色金属时，不能用硫化油，以免在工件表面产生黑色的腐蚀斑点；加工铸铁和铝合金时，一般不用切削液，精加工时，可使用煤油作切削液，以降低表面粗糙度。

切削液的使用方法浇注法、高压冷却法、喷雾冷却法。一般采用浇注法，在难加工材料、深孔加工及高速强力磨削时，应采用高压冷却法。喷雾冷却法是切削液被压缩空气通过喷雾装置雾化，并被高速喷射到切削区，这种方法效果很好，适用于难加工材料的各种加工情况。

1.6 刀具的磨损与耐用度

在切削过程中，刀刃由锋利逐渐变钝以致不能正常使用，这种现象称为刀具的磨损。刀具磨损到一定程度，必须及时重磨，否则会产生振动并使表面质量恶化。经过使用、磨钝、刃磨锋利若干个循环以后，刀具的切削部分无法继续使用而完全报废。刀具从开始切削到完全报废的实际切削时间总和称为刀具寿命。

1.6.1 刀具磨损的主要原因

刀具磨损主要有以下几种原因。

（1）磨料磨损　磨料磨损是由于切屑或工件表面一些微小的硬质点，如碳化铁、其他碳化物以及积屑瘤碎片等硬粒，在刀具表面刻划出沟纹而造成的磨损。特别是低速下工作的刀具，磨料磨损是磨损的主要原因。

（2）黏结磨损　当切屑与前刀面之间在较高的温度和一定压力下，分子间的吸附力使切屑底层与前刀面黏结在一起，由于刀具表面层的疲劳、热应力等原因，切屑在流出时将刀具表面层材料颗粒带走而造成磨损。

（3）相变磨损　刀具在切削温度高于相变温度时，其金相组织由回火马氏体转变为回火屈氏体、回火索氏体等组织，硬度大大降低，从而使磨损加剧。

（4）扩散磨损　扩散磨损是在更高温度下产生的一种现象。在摩擦副中，某些化学元素在固体状态下互相扩散到对方中去，改变了原有材料的结构，使刀具材料变得脆弱，加剧刀具的磨损。

1.6.2 刀具磨损的形式和过程

刀具在正常磨损中由于切削条件不同有以下三种磨损形式。

（1）后刀面磨损　当切削脆性材料或以较小的切削厚度切削塑性材料时，前刀面上的压力和摩擦力小，磨损由刀具的后刀面和工件的摩擦造成，在于切削刃附近形成后角接近 $0°$ 的小棱面，它的大小用 VB 表示，如图 1-22（a）所示。

（2）前刀面磨损　当以较高的切削速度和较大的切削厚度切削塑性材料时，由于切削温度高，切屑对前刀面压力较大，前刀面上距主刀刃一定距离处被磨出月牙洼，它的大小用月牙洼的深度 K_T 来表示，如图 1-22（b）所示。当月牙洼扩大到一定程度，刀具就会崩刃。

（3）前、后刀面同时磨损　当以中等切削厚度（$a_c = 0.1 \sim 0.5\text{mm}$）切削塑性材料时，常有前、后刀面同时磨损，如图 1-22（c）所示。

刀具的磨损过程分为三个阶段，如图 1-23 所示。第一阶段称为初期磨损阶段，这一阶段磨损较快。这是因为刃磨后的刀具表面有微观高低不平现象，且后刀面与加工表面的实际接触面积很小，故磨损较快。第二阶段称为正常磨损阶段，在该阶段里，由于刀具上微观不

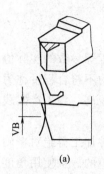 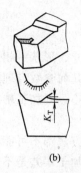 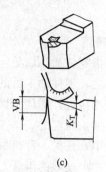

图 1-22 刀具的磨损形式

平的表层已被磨去，表面光洁，摩擦力小，磨损较慢，磨损量随时间增长而均匀增加。第三阶段称为急剧磨损阶段。这时，刀具变钝，切削力变大，温度升高，磨损加剧，加工质量显著恶化，应尽量避免刀具进入这一阶段。

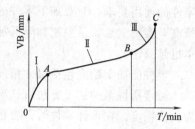

因此，在刀具正常磨损阶段的后期、急剧磨损阶段之前刃磨刀具最为适宜。这样既可保证加工质量，又能提高刀具的使用寿命。

图 1-23 刀具磨损过程

1.6.3 刀具耐用度

刀具磨损的程度，通常以限定后刀面的磨损高度 VB 作为刀具磨钝的衡量标准。在实际生产中，由于不便于经常停车测量 VB 的高度，所以，用规定刀具使用的时间作为限定刀具磨损量的衡量标准。于是提出了刀具耐用度的概念。

刀具耐用度是指刀具两次刃磨之间实际进行切削的时间，单位为 min。例如，目前硬质合金焊接车刀的耐用度通常规定为 60min，高速钢钻头的耐用度为 80～120min，硬质合金端铣刀的耐用度为 120～180min，齿轮刀具的耐用度为 200～300min。一般复杂刀具刃磨较困难，综合考虑耐用度取大一些。各种刀具耐用度的数值，可查阅《金属切削手册》。刀具从开始切削到完全报废，实际切削的总时间称为刀具寿命。

1.6.4 影响刀具耐用度的因素

影响刀具耐用度的因素很多，主要有工件材料、刀具材料及几何角度、切削用量及是否使用切削液等因素。其中，在切削用量中，切削速度对刀具磨损的影响最大，背吃刀量最小。因此，在保证一定的金属切除率时，适当增加背吃刀量和进给量，降低切削速度，对减少刀具磨损是有重要意义的。

另外，刀具的硬度高，与工件材料的亲和力小，尤其是耐热性好时，则不易磨损；适当增加刀具前角，也可减少刀具磨损；合理使用切削液也是较有效的方法。

1.7 加工质量和经济性

1.7.1 加工质量

零件的加工质量直接影响着产品的使用性能和使用寿命，它主要包括加工精度和表面质量两个方面。

1.7.1.1 加工精度

加工精度是指零件加工以后，其尺寸、形状、相互位置等参数的实际值与其理想数值相接近的程度；反之，零件加工后的实际几何参数与理想值的不符合程度称为加工误差。实际数值与理想数值越接近，即加工误差越小，则加工精度就越高。在生产实践中，都是用控制加工误差来保证加工精度的。

在生产实践中，任何一种机械加工方法都不可能将零件加工得绝对精确，因为在加工过程中存在着各种产生误差的因素，所以加工误差是不可避免的。从使用角度来看，也没有必要将零件加工得绝对精确，允许存在一定偏差。因此，要保证零件的加工精度，也就是根据零件的使用要求，对要加工零件的几何参数规定一个允许的变化范围，称为公差。提高加工精度，实际上也就是限制和降低加工误差。加工公差值越小，则精度越高，加工越困难，成本也越高。

零件的加工精度包括尺寸精度、形状精度和位置精度等。

通常所说某种加工方法所达到的加工精度，是指在正常操作情况下所能达到的精度，成为经济精度。在设计零件时，要根据零件的使用要求，合理地选用精度，同时还要考虑现有的设备条件和加工费用的高低。选择精度的原则一般是在能保证达到技术要求的前提下，选较低的精度等级。

1.7.1.2 获得加工精度的方法

获得形状与位置精度的关键是刀具形状精度与机床、夹具的制造安装精度。获得尺寸精度的方法大致有以下四种。

(1) 试切法 先切一小部分，测量尺寸，调整刀具位置，再试切，测量，反复进行直至达到尺寸要求，再切削出整个待加工表面。此法生产效率低，其精度取决于操作人员的技术水平，一般适用于单件、小批量生产。

(2) 定尺寸刀具法 有些工件是直接由刀具保证的，如用铰刀铰孔，用铣槽铣刀、割槽车刀加工沟槽，其尺寸与精度决定于刀具的尺寸与精度。此种方法生产效率较高。

(3) 调整法 利用机床上的定程或对刀装置获得尺寸精度的方法。如利用车床上的行程挡块，铣床上的对刀块。其精度取决于定程装置和调整精度。此种方法适用于成批生产。

(4) 自动控制法 使用一定装置，在尺寸达到要求值时自动停止加工，如外圆磨床、坐标镗床的主动测量和反馈控制系统，数控机床的整套数字控制装置。其精度由机床及控制系统精度保证，适用于各种生产类型，是当前机械加工发展的方向。

1.7.1.3 影响加工精度的误差因素

在机械加工中，工件与刀具形成了一定的相对位置和运动关系，同时还受到力的作用，是一个复杂的运动学和力学过程。在切削加工中，机床、夹具、刀具和工件构成了一个完整的系统，称为机械加工工艺系统（简称工艺系统）。在工艺系统内部，出现了各环节相对位置偏离了正确位置（出现误差），就会产生加工误差。产生误差的原因有：毛坯误差；机床、夹具的制造、安装误差和磨损；刀具的制造误差；工件的定位方式；采用了近似的成形运动或近似的刀刃轮廓而产生的原理误差。这些原始误差都是在生产准备和工艺设计阶段发生的，下面重点介绍与切削操作过程关系密切、可采用一定工艺措施来改善的误差因素。

(1) 调整与测量误差 在工件安装前后，必须对机床、夹具和刀具进行调整，用试切或调整件调整的手段，保证三者与工件之间正确的相对位置和运动。这时应该采用合适、合格的量具、量仪并正确使用，在试切和产品测量时提高测量精度；注意机床的传动位移误差和工艺系统受力变形；注意调整件（如行程挡块、靠模、凸轮）的制造、安装精度等，以减少调整误差。

（2）工艺系统受力变形 切削加工时，工艺系统在切削力、传动力、惯性力、夹紧力及重力等的作用下，将产生相应的变形。这种变形将破坏切削刃和工件之间已调整好的正确的位置，从而产生加工误差。例如，车削细长轴时，切削力使工件轴线变弯，加工后产生腰鼓状的误差［图 1-24（a）］。又如，在内圆磨床上用横向切入式磨内孔时，磨头在磨削力的作用下产生弹性变形，而磨出的孔会产生带有锥度的圆柱度误差［图 1-24（b）］。

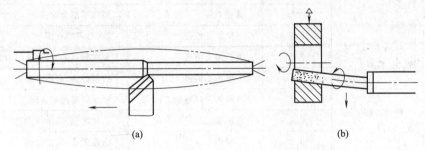

(a) (b)

图 1-24 受切削力变形产生的形状

要减小变形误差，一要提高工艺系统的刚度，即提高工艺系统抵抗变形的能力，如车细长轴时用跟刀架；减小切削力，尤其是背向力，这可通过增大 κ_r 角、减少 a_p 值等方法实现。

（3）工艺系统受热变形 切削热使机床、工件、刀具都发生了复杂的变形（图 1-25），使工件与刀具间的正确相对位置遭到破坏，产生加工误差，在精加工和精密加工、大型零件和自动化加工中影响特别大。要减小受热变形的影响，可采取的工艺措施有：粗、精加工分开，进行充分有效的冷却，在室温下测量尺寸，温度补偿合理调整尺寸，机床热平衡（先空转）后加工，在恒温室加工等。

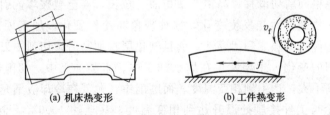

(a) 机床热变形 (b) 工件热变形

图 1-25 工艺系统的受热变形

1.7.1.4 表面质量

表面质量是指零件经过加工后的表面粗糙度、表面加工硬化的程度和深度、表层残余应力的性质和大小。零件的表面质量对零件的配合性质、耐磨性、耐腐蚀性和耐疲劳性等性能，以及零件的使用寿命都有很大的影响。因此，对于高速、重载荷下工作的零件其表面质量要求较高。

（1）表面粗糙度 无论用何种方法加工，零件表面总留有微细的、峰谷交错起伏的刀痕。这种较小间距、微小峰谷的不平度，称为表面粗糙度。

一般零件的图纸上只标注表面粗糙度的要求。表面粗糙度常用轮廓的算术平均偏差（Ra）之值评定。国家标准规定，表面粗糙度分为 14 个等级，用 $50\sim0.008\ \mu m$ 等 14 级数值直接标出，数值越大，则越粗糙。零件表面的质量要求越高，表面粗糙度的值越小。表1-1是部分切削加工方法所能达到的表面粗糙度范围及其应用。

表 1-1　部分加工方法所能达到的表面粗糙度范围

表面要求	加工方法	粗糙度值 Ra /μm	表面特征	应用举例
不加工			消除毛刺	铸、锻件的不加工表面
粗加工	粗车、铣、刨，钻、锉	50	有明显可见刀纹	静止配合面、底板、垫块
		25	可见刀纹	静止配合面、螺钉不结合面
		12.5	微见刀纹	螺母不结合面
半精加工	半精车，精车、铣、刨，粗磨	6.3	可见加工痕迹	轴、套不结合面
		3.2	微见加工痕迹	要求较高的轴、套不结合面
		1.6	不见加工痕迹	一般的轴、套结合面
精加工	精车、刨、铣、磨，铰、刮	0.8	可辨加工痕迹的方向	要求较高的结合面
		0.4	微辨加工痕迹的方向	凸轮轴轴颈，轴承内孔
		0.2	不辨加工痕迹的方向	活塞销孔，高速轴颈
超精加工	精磨，研磨，镜面磨，超精加工	0.1	暗光泽面	滑阀工作面
		0.05	亮光泽面	精密机床主轴轴颈
		0.025	镜状光泽面	量规
		0.012	雾状光泽面	量规
		0.008	镜面	块规

有些零件的表面，出于外观或清洁的考虑，要求光洁，而粗糙度要求不一定高，例如，机床的手柄、面板等。

（2）表面加工硬化　由于切削加工时工件表面金属受到切削力的作用，产生强烈的塑性变形，使金属的晶格间剪切滑移，晶格严重扭曲、拉长，甚至被破坏，引起金属表面层硬度提高，塑性降低，物理学性能发生变化，这种现象叫冷作硬化。加工硬化常常伴随表面裂纹，因而降低了零件疲劳强度和耐磨性，而且硬化层将加剧后续切削中刀具的磨损。

（3）金相组织的变化　主要发生在磨削加工中。车削加工中，切削热大部分被切屑带走，表面温度升高不大，达不到相变温度。而磨削中，尤其在冷却液不充分或冷却液不能到达磨削区时，砂轮与工件接触处温升达到相变温度，甚至达 1000℃，金相组织发生变化，硬度下降，出现细微裂纹，甚至彩色氧化膜，称为烧伤。烧伤程度有不同，轻度烧伤表面无色，但金相组织已变化，耐磨性急剧下降，这对于淬火后需经磨削的重要表面是不允许的，所以磨削烧伤要尽量避免。

（4）表面层残余应力　经切削加工后的表面，在一定深度的表层金属里，存在着残余应力和裂纹，这会影响零件表面质量和使用性能。若残余应力分布不均匀，还会使零件发生变形，影响尺寸及形位精度。因此，对于重要的零件，除限制表面粗糙度外，还要控制其表层加工硬化的程度和深度，以及表层残余应力的性质和大小。而对于一般的零件，则主要规定其表面粗糙度的数值范围。

1.7.1.5　影响表面质量的因素与改善措施

（1）影响表面粗糙度因素及改进措施　切削加工中，产生表面粗糙度的主要因素有切削残留面积、刀刃的刃磨质量和刀刃的磨损。

① 切削残留面积高度 H　切削残留面积高度 H 是由刀具相对于工件表面的运动轨迹所形成，如图 1-26 所示，它与进给量 f、主偏角 κ_r、副偏角 κ_r'、刀尖圆弧半径 r_ε 有关，见下列公式：

当 $r_\varepsilon = 0$ 时，
$$H = \frac{f}{\cot\kappa_r + \cot\kappa_r'} \tag{1-12}$$

当 $r_\varepsilon > 0$ 时，
$$H = \frac{f^2}{8r_\varepsilon} \tag{1-13}$$

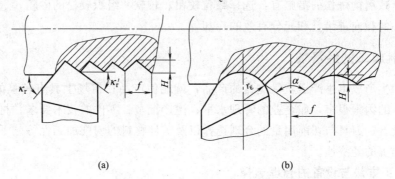

(a)　　　　　　　　　　　(b)

图 1-26　车削加工的残留面积

显而易见，减小进给量 f、主偏角 κ_r、副偏角 κ_r'，增大刀尖圆弧半径 r_ε 都有效减小表面粗糙度的数值。

由于切削过程中各种因素的干扰和影响，实际粗糙度的最大值往往高于理论计算值，理论粗糙度仅占实际表面粗糙度中的极小部分。

② 刀具的刃磨与刃口磨损　二者对表面粗糙度的影响较大。如果刀具磨损产生沟槽，会引起已加工表面成锯齿状的凸出部分，使加工表面粗糙度值增大。

③ 工件的材质　切削铸铁等脆性材料时，形成崩碎状切屑，已加工表面出现麻点状痕迹，增大了表面粗糙度。

切削塑性材料时，切屑在分离前的挤压变形及撕裂作用增大了已加工表面的粗糙度值。韧性越好，切削时的塑性变形程度越大，对表面粗糙度的影响也越严重。常采用大前角刀具、增大切削速度、对低碳钢进行正火处理等方法来减小表面粗糙度值。

④ 积屑瘤与鳞刺　在一定的切削速度范围内对塑性金属进行切削加工时容易产生积屑瘤或鳞刺。积屑瘤是不稳定的，自生自灭，反复形成与消失，留在已加工表面的一部分形成鳞片状毛刺，造成切削力的不稳定而引起振动，进一步使表面粗糙度增大。另外，材料变形强化程度越大，与刀具间的摩擦越大，越易形成鳞刺。

⑤ 工艺系统的振动　振动会在工件的表面留下振纹，使表面粗糙度增大。生产中，常采用提高工艺系统刚度的措施来避免或减少振动。

（2）加工表面的冷作硬化　影响加工表面冷作硬化的因素有：刀具、工件材料和切削条件。

切削过程中凡是减少金属塑性变形和摩擦的因素，都可减少加工硬化，如增大前角，减小刀具切削刃刃口的钝圆半径，控制刀具磨损量；减小进给量；采用有效的冷却润滑措施等。继续加工有困难的，可在切削工序中间加入去应力退火。

（3）加工表面的残余应力　工件经切削加工后，其表面层都存在残余应力。残余应力会引起工件变形，失去原有精度。残余应力为拉应力时，使疲劳裂纹增加，耐蚀性下降；是压应力时，则使疲劳强度及耐磨性提高。产生残余应力的原因主要有：切削力引起的残余应力、热应力引起的残余应力、金相组织的变化引起体积变化而产生的残余应力。

凡是使加工硬化增加的因素，都相应使残余应力增加，多数情况为拉力。工件表面形成压应力相比拉应力有利于提高零件的疲劳强度；因此生产中，常采取措施使工件表面形成压应力，如采用负前角；精加工后再进行滚压、喷丸等加工。

（4）磨削烧伤　影响磨削烧伤的因素有：磨削用量、工件材料、砂轮选择及其修整、冷却条件等。消减磨削烧伤的措施有：选择颗粒较粗、较软、组织较松的砂轮；选用较高的工件转速、较小的径向进给量和充分有效的冷却等。

1.7.2　切削加工的经济性

用最低的生产成本生产出质量优良的产品，就能使产品在市场上具有较强的竞争能力。影响生产成本的因素很多，如企业的管理水平、生产批量、零件的技术要求、材料和毛坯的选择、加工设备、刀具与切削用量的合理选择以及工件材料的切削加工性等。下面从三个方面讨论切削加工的经济性。

1.7.2.1　加工方法与设备的合理选择

在机械制造企业中，制造大型的水压机、轧钢机、涡轮发电机往往是按每批一台或几台来组织生产的，而制造汽车、拖拉机、电视机则按大批大量组织生产。一般说来，随着产品数量的增加，单个零件的加工费用降低，其降低的程度随加工方法与设备的不同而各不相同。

（1）按生产批量选择加工设备　生产批量是选择加工方法的重要依据。生产批量是某生产部门按年生产零件或产品的数量（生产纲领）来划分的，分单件（包括数件）生产、成批（又可分为小批、中批、大批）生产和大量生产。实际生产中按加工工艺特点，常分为单件小批、成批（中批）、大批大量三种类型。

在单件小批生产时，因产品的重复性差，采用普通方法与设备，如车、钻、刨、磨、铣等普通机床加工是合适的，这样机械设备和工具的固定费用少，维修费低，产品变化适应性强。而大批大量生产时，连续生产性好，降低生产成本的主要方向是提高生产率，因此大量采用自动化程度高的机床设备和制造系统，如自动机床、数控机床、加工流水线。同时可大量采用专用机床和专用工、夹、量具，以减少加工工时。

（2）按照加工经济精度选择加工方法　各种切削加工方法所用设备和加工条件不同，它们所能达到的精度也不一样。在选择加工方法时，通常应按经济精度考虑。

所谓经济精度，是指在正常加工条件下（采用符合标准的设备、工艺装备和标准技术等级的工人，不延长加工时间），某种方法所能保证的加工精度和表面粗糙度。各种加工方法的经济精度可在有关工艺手册中查取，表1-2列举了部分常用加工方法的尺寸经济精度。

能加工同样表面的不同种类、精度、规格的机床的平均台时成本（每台机床加工1h的成本）也有较大差别，大规格、高精度的成本高，铣床比牛头刨床高，镗床比钻床高等。因此，在达到加工要求的前提下，可选用低成本的加工方法，并尽量避免在精密机床上进行粗加工，或在大型机床上加工小工件。

（3）经济性　在加工过程中，首先应能保证产品质量，其次应力求提高劳动生产率。但质量和生产率经常是一对矛盾的两个方面，这就需要用经济性来统一这对矛盾，即用最低的成本生产出更好的产品。

表 1-2 各种加工方法经济精度参考数据

加工方法	精度等级		基本尺寸为 30~50mm 时的误差值/mm	
	平均经济精度	经济精度范围	平均经济精度	经济精度范围
粗车、镗、刨	IT12~IT13	IT11~IT14	0.34	0.1~0.62
半精车、镗、刨	IT11	IT10~IT11	0.17	0.1~0.2
精车、镗、刨	IT9	IT6~IT10	0.05	0.02~0.1
细车、金刚镗	IT6	IT4~IT8	0.017	0.01~0.03
粗铣	IT11	IT10~IT13	0.17	0.1~0.34
半精铣和精铣	IT9	IT8~IT11	0.05	0.03~0.17
钻孔	IT12~IT13	IT11~IT14	0.34	0.17~0.62
粗铰	IT9	IT8~IT10	0.05	0.04~0.1
精铰	IT7	IT6~IT8	0.027	0.01~0.04
拉削	IT8	IT7~IT9	0.04	0.015~0.05
精拉	IT7	IT6~IT7	0.027	0.01~0.03
粗磨	IT10	IT9~IT11	0.1	0.05~0.17
精磨	IT6	IT6~IT8	0.017	0.01~0.03
细磨（镜面磨）	IT4		0.008	0.002~0.011
研磨	高于 IT4		<0.008	0.001~0.011

产品的制造成本是指费用消耗的总和，包括毛坯或原材料费用、生产工人工资、机床设备的折旧和调整费用、工夹量具的折旧和修理费用、车间经费和企业管理费用等。若将毛坯成本除外，每个零件切削加工的费用可用下式计算：

$$C_w = t_w M + \frac{t_m}{T} C_t = (t_m + t_c + t_0) M + \frac{t_m}{T} C_t \tag{1-14}$$

式中　C_w——每个零件切削加工的费用；

　　　t_w——生产 1 个零件所需的总时间；

　　　M——单位时间分担的全厂开支，包括工人工资、设备和工具的折旧及管理费用等；

　　　t_m——基本工艺时间，即加工一个零件所需的总切削时间；

　　　t_c——辅助时间，即为了维持切削加工所消耗到各种辅助操作上的时间，如调整机床、空移刀具、装卸或刃磨、安装工件、检验等的时间；

　　　t_0——其他时间，如清扫切屑、工间休息时间等；

　　　T——刀具耐用度；

　　　C_t——刀具刃磨一次的费用。

由式（1-14）可知，零件切削加工的成本包括工时成本和刀具成本两部分，并且受基本工艺时间、辅助时间、其他时间及刀具耐用度的影响。若要降低零件切削加工的成本，除节约全厂开支、降低刀具成本外，还要设法减少零件加工的基本工艺时间、辅助时间及其他时间，并保证一定的刀具耐用度。

许多加工因素的变化都会影响最终的加工成本。这些因素包括切削用量的合理选择，工件材料的可切削性，刀具材料和角度的合理选择以及不同的加工条件。在刀具材料和角度以及加工条件一定的前提下，切削用量的选择和工件材料的可切削性将直接决定切削加工的经济性。

1.7.2.2 切削用量的合理选择

切削用量选择主要指合理确定背吃刀量 a_p、进给量 f 和切削速度 v，必要时还需进行机床功率的校验。切削用量数值合理与否对加工质量、生产率、刀具寿命和生产成本等都有非常重要的影响。所谓合理的切削用量，是指刀具切削性能和机床动力性能得到充分发挥，以及在保证加工质量的前提下，获得高生产率和低生产成本的切削用量，即在一定条件下，选择 v、f、a_p 数值的最佳组合。

(1) 背吃刀量的选择　粗加工时，应以提高生产率为主，同时还要保证规定的刀具耐用度。实践证明，对刀具耐用度影响最大的是切削速度；其次是进给量，背吃刀量的影响最小。因此，选择切削用量的顺序是：$a_p \rightarrow f \rightarrow v$，即在机床功率足够时，应尽可能选取较大的背吃刀量，最好一次走刀将该工序的加工余量切完。只有在余量太大、机床功率不足、刀具强度不够时，才分两次或多次走刀将余量切完。

精加工时，应以保证加工质量为主，同时也要考虑刀具耐用度和提高生产率。为此，其背吃刀量往往采用逐渐减小的切削加工方法来逐步提高加工精度。但第一次走刀的背吃刀量应尽量大些，以后各次取得相对小些 。

在中等功率的机床上，粗加工的 a_p 可达 8~10mm；半精加工（$Ra6.3$~3.2 时），a_p 可取 0.5~2mm；精加工（$Ra1.6$~0.8），a_p 可取 0.1~0.4mm。

(2) 进给量的选择　选定背吃刀量 a_p 后，根据机床—夹具—工件—刀具工艺系统的刚性，选择尽可能大的进给量。半精加工和精加工时，最大进给量主要受工件表面粗糙度的限制。其数值大多根据经验按一定表格选取，或利用切削用量手册等资料查出。

(3) 切削速度的选择　最后根据工件材料和刀具材料确定切削速度，使之在已选定的背吃刀量和进给量的基础上能达到规定的刀具耐用度。粗加工时一般选用中速切削。

切削速度的选择应避开积屑瘤的切削区。硬质合金刀具一般采用较高的切削速度，高速钢刀具则采用较低的切削速度。在一般情况下，精加工常选用较小的背吃刀量、进给量和较高的切速，这样既可保证加工质量，又可提高生产率。

1.7.2.3 材料的切削加工性

材料的切削加工性是指材料被切削加工成合格零件的难易程度。工件材料的切削加工性对刀具耐用度和切削速度的影响很大，对生产率和加工成本的影响也非常大。材料的切削加工性越好，切削力和切削温度越低，允许的切削速度越高，被加工表面的粗糙度越小，也易于断屑。

某种材料加工的难易要视具体加工要求和切削条件而定。例如，切除低碳钢的余量很容易，但精加工要获得较低的表面粗糙度值就较难；在普通车床上切削不锈钢容易，而在自动化生产条件下，由于难断屑，则属于难加工材料。这就说明材料的切削加工的难易程度是相对的。一般认为，加工时许用切削速度较高，刀具寿命较长，工件表面质量容易保证，断屑容易，切除单位体积金属所耗功小，则该材料的切削加工性好。材料切削加工性是一个综合的评价，很难用一个简单的物理量来精确表示与检测，在生产实践中，常以某一指标来反映材料切削加工性的一个方面。下面就是一些衡量指标，其中，常用的是 v_T 和 K_r 指标。

(1) 衡量材料切削加工性的指标

① 一定刀具耐用度下的切削速度 v_T　一定刀具耐用度下的切削速度 v_T 是指当刀具耐用度为 T 时，切削某种材料所允许的切削速度。v_T 越高，表示材料的切削加工性越好，若

$T = 60\text{min}$ ，则可写作 v_{60} 。

② 相对加工性 K_r 相对加工性是指各种材料的 v_{60} 与 45 钢（正火）的 v_{60} 之比值。由于把后者的 v_{60} 作为比较的基准，故写作 $(v_{60})_j$

所以

$$K_r = \frac{v_{60}}{(v_{60})_j} \tag{1-15}$$

常用材料的相对加工性可分为八个等级，如表 1-3 所示。

表 1-3 材料切削加工性分级

加工性等级	名称及种类		相对加工性 K_r	代表性材料
1	很容易切削材料	一般有色金属	>3.0	5-5-5 铜铅合金、9-4 铝铜合金、铝镁合金
2	容易切削材料	易切削钢	2.5～3.0	15Cr 退火 $\sigma_b = 380\sim450\text{MPa}$ 自动机钢 $\sigma_b = 400\sim500\text{MPa}$ 30 钢正火 $\sigma_b = 450\sim560\text{MPa}$
4	普通材料	一般钢及铸铁	1.0～1.6	45 钢、灰铸铁、结构钢
5		稍难切削材料	0.65～1.0	2Cr13 调质 $\sigma_b = 850\text{MPa}$ 85 钢 $\sigma_b = 900\text{MPa}$
6	难切削材料	较难切削材料	0.5～0.65	45Cr 调质 $\sigma_b = 1050\text{MPa}$
7		难切削材料	0.15～0.5	65Mn 调质 $\sigma_b = 950\sim1000\text{MPa}$
8		很难切削材料	<0.15	50CrV 调质，1Cr18Ni9Ti 未淬火；某些钛合金，铸造镍基高温合金

相对加工性值 K_r 反映了不同材料对刀具磨损和耐用度的影响程度，K_r 值越大，表示材料对刀具磨损的影响越小，刀具耐用度越高。

③ 已加工表面质量 在精加工中，常以已加工表面质量的好坏作为衡量标准。凡是容易获得好的表面质量的材料，其切削加工性较好；反之，则较差。

④ 切屑控制或断屑的难易 凡切屑较容易控制或易于断屑的材料，其切削加工性较好；在自动机床或自动线上加工时，常以此作为衡量指标。

⑤ 切削力 在相同切削条件下，切削力较小的材料，其切削加工性较好。在粗加工中，当机床刚性或动力不足时，常以此作为衡量指标。

上述各指标中，v_T 和 K_r 最为常用，能适用于不同的加工条件。

（2）改善材料切削加工性的途径 材料的切削加工性并非一成不变的，在生产中，常采用一些措施来改善材料的切削加工性，从而提高生产率、零件表面质量和刀具耐用度。

生产中常用以下措施来加以改善材料的切削加工性。

① 调整材料的化学成分 材料的化学成分直接影响其力学性能，如碳钢中，随含碳质量分数的增加，一般其强度和硬度提高，塑性和韧性降低，故高碳钢强度和硬度较高，切削加工性较差；低碳钢塑性和韧性较高，切削加工性也较差；中碳钢的强度、硬度、塑性和韧性都适中，故切削加工性较好。

在钢中加入适量的硫、铅等元素，可有效地改善其切削加工性，这样的钢成为"易切削钢"；在不锈钢中加入少量的硒、铜合金中加铅等，均可改善材料的切削加工性。

② 进行热处理改善材料的切削加工性 采用热处理可以改变材料的金相组织，不同的金相组织其力学性能不一样，切削加工性也不同。如对低碳钢进行正火或对 2Cr13 不锈钢进

行调质，均可提高硬度、降低塑性，使加工表面粗糙度降低。对高碳钢进行球化退火，可降低其硬度，从而改善切削加工性能。

③ 改变切削加工条件　在材料已选定，不能更改时，可采取以下一些措施：如使用切削液，减少刀具磨损；采用振动切削以促进加工中的断屑；选用最合适的刀具材料、刀具角度、切削用量等，都能在一定程度上间接改善材料的切削加工性。

习题与思考题

1. 切削加工时的切削运动有哪两种？举例说明它们分别由什么来完成。

2. 对刀具材料的性能有哪些基本要求？常用刀具材料有哪些？各适合制作什么刀具？

3. 车刀切削部分是怎样组成的？它们是如何定义的？

4. 如何判定车刀前角和刃倾角的正负？

5. 试说明车外圆时的切削力如何分解，并说明各分力对加工的影响如何。

6. 说明切削热是如何产生的，它对加工有何影响？

7. 积屑瘤是怎样产生的？分几类？

8. 简述刀具磨损的形式及过程。

9. 什么是刀具耐用度？它与切削速度有何关系？

10. 切削用量的选择原则是什么？

11. 简述材料切削加工性的定义及其主要衡量指标。

12. 在工艺系统中，影响加工精度的有哪几方面因素？

13. 细长轴在车削外圆时易产生什么误差？可用哪些措施来减少或防止？

14. 加工零件时如何降低表面粗糙度？

15. 切削液的主要作用有哪些？常根据哪些主要因素选用切削液？

16. 切削高分子材料（如塑料、橡胶等）时容易出现什么问题，应如何解决？

第2章　机械加工方法

机械零件的任何表面都可看作是一条线（称为母线）沿着另一条线（称为导线）运动的轨迹。如图 2-1 所示，平面可看作是由一根直线（母线）沿着另一根直线（导线）运动而形成 [图 2-1(a)]；圆柱面和圆锥面可看作是由一根直线（母线）沿着一个圆（导线）运动而形成 [图 2-1(b)、(c)]；普通螺纹的螺旋面是由"八"形线（母线）沿螺旋线（导线）运动而形成 [图 2-1(d)]；直齿圆柱齿轮的渐开线齿廓表面是由渐开线（母线）沿直线（导线）运动而形成 [图 2-1(e)] 等。形成表面的母线和导线统称为发生线。

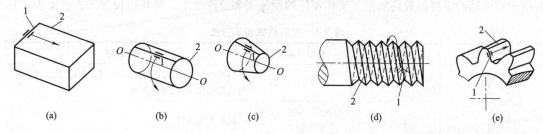

图 2-1　零件表面的成形
1—母线；2—导线

切削加工中发生线是由刀具的切削刃和工件的相对运动得到的，由于使用的刀具切削刃形状和采取的加工方法不同，形成发生线的方法（见图 2-2）可归纳为以下四种。

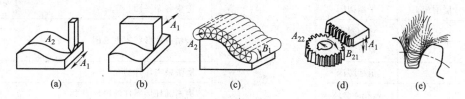

图 2-2　形成发生线的方法

（1）轨迹法　它是利用刀具作一定规律的轨迹运动对工件进行加工的方法。切削刃与被加工表面为点接触，发生线为接触点的轨迹线。图 2-2(a) 中母线 A_1（直线）和导线 A_2（曲线）均由刨刀的轨迹运动形成。采用轨迹法形成发生线需要一个成形运动。

（2）成形法　它是利用成形刀具对工件进行加工的方法。切削刃的形状和长度与所需形成的发生线（母线）完全重合。图 2-2(b) 中，曲线形母线由成形刨刀的切削刃直接形成，直线形的导线则由轨迹法形成。

（3）相切法　它是利用刀具边旋转边作轨迹运动对工件进行加工的方法。如图 2-2(c) 所示，采用铣刀、砂轮等旋转刀具加工时，在垂直于刀具旋转轴线的截面内，切削刃可看作是点，当切削点绕着刀具轴线作旋转运动 B_1，同时刀具轴线沿着发生线的等距线作轨迹运动 A_2 时，切削点运动轨迹的包络线便是所需的发生线。为了用相切法得到发生线，需要两个成形运动，即刀具的旋转运动和刀具中心按一定规律运动。

（4）展成法　它是利用工件和刀具作展成切削运动进行加工的方法。切削加工时，刀具与工件按确定的运动关系作相对运动（展成运动或称范成运动），切削刃与被加工表面相切（点接触），切削刃各瞬时位置的包络线便是所需的发生线。如图 2-2(d) 所示，用齿条形插齿刀加工圆柱齿轮，刀具沿箭头 A_1 方向所作的直线运动，形成直线形母线（轨迹法），而工件的旋转运动 B_{21} 和直线运动 A_{22}，使刀具能不断地对工件进行切削，其切削刃的一系列瞬时位置的包络线便是所需的渐开线形导线 [见图 2-2(e)]。用展成法形成发生线需要一个成形运动（展成运动）。

2.1　常用机械加工方法

常规机械加工是制造零件的重要加工方法，即将原材料通过车削加工、铣削加工、刨削加工、钻削加工、镗削加工、磨削加工的方法按零件图样加工成所需的成品或半成品。它们主要用于完成辅助零件的最终加工、工作零件的预加工和最终加工。常规机械加工方法见表 2-1。

表 2-1　常规机械加工方法

分类	加工方法	机床	使用刀具	适用范围
切削加工	车削加工	车床	车刀	加工内外原柱、圆锥、端面、内槽、螺纹、成型表面以及滚花钻孔、铰孔和镗孔等
	铣削加工	铣床	立铣刀、端铣刀、球头铣刀	铣削各类零件
		仿形铣床	球头铣刀	进行仿形加工
	刨削加工	龙门刨床 牛头刨床	刨刀	对坯料进行六面加工
	钻孔加工	钻床	钻头、铰刀	加工零件的各种孔
	磨削加工	平面磨床	砂轮	磨削各个平面
		成型磨床 数控磨床		磨削各种形状零件表面
		坐标磨床		磨削精密零件的孔
		内外圆磨床		磨削圆柱形零件的内外表面
		万能磨床		可以进行锥度磨削
	抛光加工	手持抛光机	砂轮	去除铣削痕迹
		抛光机或手工抛光机	锉刀、砂纸、油石、抛光剂	对零件进行抛光

2.1.1　车削加工

车床是在制造机械零件中运用最广泛的设备，利用车床主要是加工绕轴线旋转的圆柱形零件。工件绕轴线作回转运动，刀具作进给运动。

2.1.1.1　车床种类与型号

车床种类很多，有普通卧式车床（图 2-3）、立式车床、转塔车床、自动和半自动车床、仪表车床、数控车床等。

目前常用的车床有 C6132、C6136、C6140 等几个型号。C6132 的含义如下：C 是类别代号，表示车床类；6 是组别代号，表示落地及卧式车床；1 是系列代号，表示普通卧式车

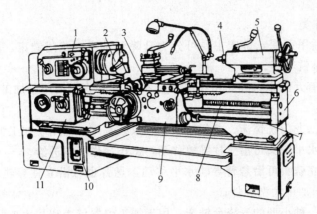

图 2-3 卧式车床

1—主轴箱；2—卡盘；3—刀架；4—后顶尖；5—尾架；6—床身；
7—光杠；8—丝杠；9—床鞍；10—底座；11—进给箱

床型；32 是主参数，表示车床能加工工件最大直径的 1/10，即 320mm。

2.1.1.2 车削加工的应用

车床在零件制造中主要用于加工圆截面形状零件，也可以加工锥面、平端面、攻螺纹、镗孔等。精加工的尺寸精度可达 IT6～8，根据零件的精度要求，车削一般是旋转表面加工的中间工序或最终工序。经车削后的表面如需用磨削来进一步提高精度和表面质量，一般应留出 0.3～0.5mm 的磨削余量。

除上述的一般车削加工外，在制造零件过程中还用到一些特殊的车削加工方法，如依靠样板加工的成形车削、靠模仿形车削和用数控车床进行车削。

(1) 依靠样板加工的成形车削　依靠样板加工的成形车削是利用依样板磨制成的样板刀来进行车削加工，样板按凸模的外轮廓形状和凸模的最大极限尺寸制造。车削时，样板作为检查标准来使用，若凸模外形尺寸较大，则凸模外形不能通过样板。样板通常加工成一对，其中一件用于检查车削的成形面，另一件用于磨制样板刀。样板一般可采用机械切削、电火花线切割、手工加工等方法制造，常用的材料是 Q235 钢。

制造成形车削的样板要有合理的基面，其工作面要进行倒角并留 0.3～0.5mm 的加工余量，对复杂的形状可以采用分样板和总样板联合检查的方式。

(2) 靠模仿形车削　利用靠模仿形切削可以加工批量较大，有特殊型面的凸模、型芯、型腔，可以获得较高的形状准确度。

(3) 用数控车床进行成形车削　对形状复杂的零件，通过样板或靠模仿形车削难以达到预期要求时，选用数控车床进行成形车削时，可以获得较高的表面质量和形状精度。

2.1.2　铣削加工

铣削是指使用旋转的多刃刀具切削工件，是一种高效率的加工方法。工作时刀具旋转（作主运动），工件移动（作进给运动），工件也可以固定，但此时旋转的刀具还必须移动（同时完成主运动和进给运动）。铣削用的机床有卧式铣床或立式铣床，也有大型的龙门铣床。这些机床可以是普通机床，也可以是数控机床。

铣床是用铣刀对工件进行铣削加工的机床。铣床除能铣削平面、沟槽、轮齿、螺纹和花键轴外，还能加工比较复杂的型面，效率较刨床高，在机械制造和修理部门得到广泛应用。

2.1.2.1 铣床的种类

按布局形式和适用范围，铣床主要可分为升降台铣床、龙门铣床、单柱铣床和单臂铣床、仪表铣床、工具铣床等。

① 升降台铣床有万能式、卧式和立式（图 2-4）几种，主要用于加工中小型零件，应用最广；

② 龙门铣床包括龙门铣镗床、龙门铣刨床和双柱铣床，均用于加工大型零件；

③ 单柱铣床的水平铣头可沿立柱导轨移动，工作台作纵向进给；

④ 单臂铣床的立铣头可沿悬臂导轨水平移动，悬臂也可沿立柱导轨调整高度。单柱铣床和单臂铣床均用于加工大型零件；

⑤ 仪表铣床是一种小型的升降台铣床，用于加工仪器仪表和其他小型零件；

⑥ 工具铣床主要用于模具和工具制造，配有立铣头、万能角度工作台和插头等多种附件，还可进行钻削、镗削和插削等加工。其他铣床还有键槽铣床、凸轮铣床、曲轴铣床、轧辊轴颈铣床和方钢锭铣床等，它们都是为加工相应的工件而制造的专用铣床。

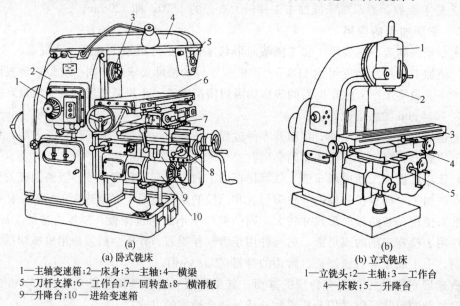

(a) 卧式铣床

1—主轴变速箱；2—床身；3—主轴；4—横梁
5—刀杆支撑；6—工作台；7—回转盘；8—横滑板
9—升降台；10—进给变速箱

(b) 立式铣床

1—立铣头；2—主轴；3—工作台
4—床鞍；5—升降台

图 2-4 卧式和立式升降台铣床

按控制方式，铣床主要可分为仿形铣床、程序控制铣床和数控铣床等。

铣削是平面加工中应用最普遍的一种方法，利用各种铣床、铣刀和附件，可以铣削平面、沟槽、弧形面、螺旋槽、齿轮、凸轮和特形面，如图 2-5 所示。一般经粗铣、精铣后，尺寸精度可达 IT9~7，表面粗糙度可达 $Ra12.5\sim0.63\mu m$。

铣削的主运动是铣刀的旋转运动，进给运动是工件的直线运动。图 2-6 为圆柱铣刀和端面铣刀的切削运动。

2.1.2.2 铣削的工艺特征及应用范围

铣刀由多个刀齿组成，各刀齿依次切削，没有空行程，而且铣刀高速回转，因此与刨削相比，铣削生产率高于刨削，在中批量以上生产中多用铣削加工平面。

当加工尺寸较大的平面时，可在龙门铣床上，用几把铣刀同时加工各有关平面，这样，既可保证平面之间的相互位置精度，也可获得较高的生产率。

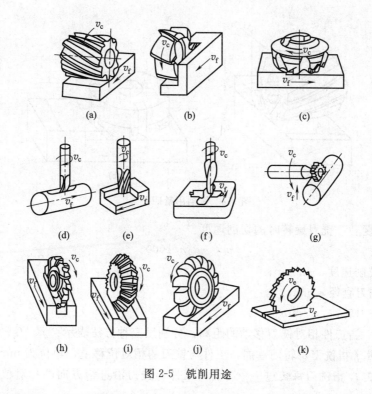

图 2-5 铣削用途

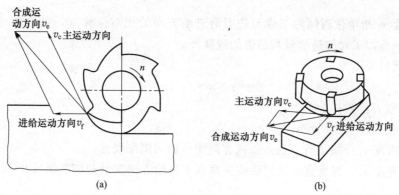

图 2-6 铣削运动

（1）铣削工艺特点

① 生产效率高但不稳定　由于铣削属于多刃切削，且可选用较大的切削速度，所以铣削效率较高。但由于各种原因易导致刀齿负荷不均匀，磨损不一致，从而引起机床的振动，造成切削不稳，直接影响工件的表面粗糙度。

② 断续切削　铣刀刀齿切入或切出时产生冲击，一方面使刀具的寿命下降，另一方面引起周期性的冲击和振动。但由于刀齿间断切削，工作时间短，在空气中冷却时间长，故散热条件好，有利于提高铣刀的耐用度。

③ 半封闭切削　由于铣刀是多齿刀具，刀齿之间的空间有限，若切屑不能顺利排出或有足够的容屑槽，则会影响铣削质量或造成铣刀的破损，所以选择铣刀时要把容屑槽当作一个重要因素考虑。

（2）铣削用量四要素　如图 2-7 所示，铣削用量四要素如下。

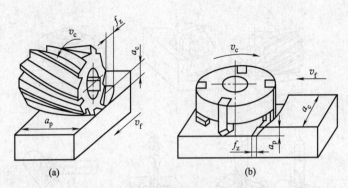

图 2-7 铣削用量四要素

① 铣削速度   铣刀旋转时的切削速度。

$$v_c = \pi d_0 n / 1000$$

式中 v_c——铣削速度，m/min；

  d_0——铣刀直径，mm；

  n——铣刀转速，r/min。

② 进给量   指工件相对铣刀移动的距离，分别用三种方法表示：f、f_z、v_f。

每转进给量 f 指铣刀每转动一周，工件与铣刀的相对位移量，单位为 mm/r；

每齿进给量 f_z 指铣刀每转过一个刀齿，工件与铣刀沿进给方向的相对位移量，单位为 mm/z；

进给速度 v_f 指单位时间内工件与铣刀沿进给方向的相对位移量，单位为 mm/min。通常情况下，铣床加工时的进给量均指进给速度 v_f。

三者之间的关系为：

$$v_f = f \times n = f_z \times z \times n$$

式中 z——铣刀齿数；

  n——铣刀转数，r/min。

③ 铣削深度 a_p 指平行于铣刀轴线方向测量的切削层尺寸。

④ 铣削宽度 a_c 指垂直于铣刀轴线并垂直于进给方向度量的切削层尺寸。

2.1.3 刨削加工

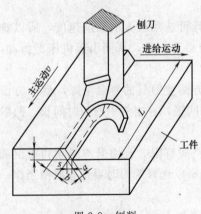

图 2-8 刨削

刨削加工是在刨床上用刨刀加工工件的方法，如图 2-8 所示。刨削加工主要用于加工水平面、斜面、台阶、燕尾槽、T 形槽、V 形槽等。

2.1.3.1 刨削类机床

（1）牛头刨床 牛头刨床主要由滑枕、摇臂机构、工作台和进给机构、变速机构、刀架、床身、底座等部分组成。牛头刨床刨削工件时，刨刀的直线往复运动为主运动，刨刀回程时工作台（工件）作横向水平或垂直移动为进给运动。

牛头刨床结构简单，调整方便，操作灵活，刨刀简单，刃磨和安装方便。因此刨削的通用性良好，在单件生产及修配工件中被广泛使用。

（2）龙门刨床 龙门刨床的主运动是工作台（工件）的直线往复运动，进给运动是刀架（刀具）的移动。龙门刨床上有四个刀架，两个垂直刀架可在横梁上作横向进给运动，以刨削水平面。两个侧刀架可沿立柱作垂直进给运动，以刨削垂直面。各个刀架均可扳转一定的角度以刨削斜面。横梁可沿立柱导轨升降，以适应不同高度工件的刨削工作。

龙门刨床的刚度好、功率大，适用于加工大型零件上的窄长表面或多件同时刨削，故也用于批量生产。

（3）插床 插床实际上是一种立式牛头刨床，其滑枕在垂直方向上作直线往复运动，为主运动。工作台则可沿纵向、横向或圆周作间歇进给运动。

插床主要用于单件、小批生产中加工零件的内表面，如多边形孔、孔内键槽等。

2.1.3.2 刨削工艺特点

刨削是单件小批量生产的平面加工最常用的加工方法。刨削的主运动是变速往复直线运动。因为刀具切入时有冲击，换向时要克服惯性力，限制了切削速度的提高，并且在回程时不切削，所以刨削加工生产效率低。但刨削所需的机床、刀具结构简单，制造安装方便，调整容易，通用性强。因此在单件、小批生产中特别是加工狭长平面时被广泛应用。

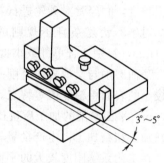

当前，普遍采用宽刃刀精刨代替刮研，能取得良好的效果。采用宽刃刀精刨，切削速度较低（2～5m/min），加工余量小（预刨余量 0.08～0.12mm，终刨余量 0.03～0.05mm），工件发热变形小，可获得较小的表面粗糙度值（$Ra0.8～0.25\mu m$）和较高的加工精度（直线度为 0.02/1000），且生产率也较高。图 2-9 为宽刃精刨刀，前角为 $-10°～-15°$，有挤光作用；后角为 5°，可增加后面支承，防止振动；刃倾角为 3°～5°。加工时用煤油作切削液。

图 2-9 宽刃精刨刀

2.1.4 钻削加工

钻削加工是一种在工件上加工孔的方法，包括对已有的孔进行铰孔、扩孔、锪孔及攻螺纹等二次加工。孔加工的切削条件比加工外圆面时差，受孔径的限制，只能使用定值刀具。钻床加工孔时，刀具绕自身轴线旋转，同时刀具沿轴线进给。由于常用钻床的孔中心定位精度、尺寸精度和表面粗糙度都不高，所以多用于精度要求不高的孔加工。

钻床的类型有台钻、立钻和摇臂钻，台钻适合加工尺寸较小的零件，立钻适合加工尺寸较大的零件，摇臂钻适合加工多个平行孔系的零件。

2.1.5 镗削加工

镗削加工主要是对零件上的孔及孔系的加工。它可用于孔的粗加工、半精加工和精加工，也可以用于加工通孔和不通孔。与其他孔加工方法相比，镗孔的一个突出优点是，可以用一种镗刀加工一定范围内各种不同直径的孔。在普通镗床上除了能对已加工的孔通过镗削扩大到要求的尺寸和精度外，还可以进行钻削、铰孔和倒角等。在零件制造中，镗床广泛应用于有精度要求的大型零件导向孔和导向面的加工，还可以加工圆筒形件拉伸模的凹模腔。另外，在大量生产零件的情况下，如果孔距公差要求不太高，可采用一般专用镗床加工。

镗孔可以在铣床、坐标镗床、车床和数控机床上进行，应用较多的是坐标镗床。坐标镗床的万能转台不仅能绕主轴作任意角度的转动,还可以绕辅助回转轴作 $0°\sim90°$ 的倾斜转动,由此实现镗床上加工和检验互相垂直孔、径向分布孔、斜孔和斜面上的孔。坐标镗床主要用来加工空间距离精度要求高的模版类零件,也可以加工复杂的型腔尺寸和角度,因此坐标镗床在级进模和多孔冲模的制造中得到了广泛的应用。采用坐标镗床加工,节省了大量辅助时间,而且加工精度高,经济效益好。

2.1.6 磨削加工

零件经过切屑加工后,还应进行磨削加工以提高其表面质量,达到零件的尺寸精度和表面粗糙度等要求。磨削加工是用砂轮、油石、磨石、沙带等作为磨具对零件进行加工的方法。磨削加工范围很广,可以加工内外圆柱面、内外圆锥面、平面、螺纹、曲轴、齿轮、叶片等成形表面。在零件制造过程中,形状简单(平面、圆等)的零件可以使用一般的磨削加工,而形状复杂的零件则需要使用精密磨床进行成形磨削。利用成形磨削的方法来精加工凸模、凹模及型腔模块和型芯,是目前最常用、最有效的加工方法。零件的磨削一般在热处理后进行,减少了由于热处理变形对零件精度的影响。

在磨削加工时,每次进刀量不宜太大,一定要始终保持进刀均匀。还要随时检查砂轮的磨损程度,并经常对砂轮进行整修。

对于形状复杂且不规则的曲面,可采用光学曲线磨床进行加工,磨削精度可达 $\pm0.01\text{mm}$,特别适合单件或小批量生产中各种零件的加工。

平面磨削与其他表面磨削一样,具有切削速度高、进给量小、尺寸精度易于控制及能获得较小的表面粗糙度值等特点,加工精度一般可达 IT7~5 级,表面粗糙度值可达 $Ra1.6\sim0.2\mu m$。平面磨削的加工质量比刨和铣都高,而且还可以加工淬硬零件,因而多用于零件的半精加工和精加工。生产批量较大时,箱体的平面常用磨削来精加工。

在工艺系统刚度较大的平面磨削时,可采用强力磨削,不仅能对高硬度材料和淬火表面进行精加工,而且还能对带有硬皮、余量较均匀的毛坯平面进行粗加工。同时平面磨削可在电磁工作平台上同时安装多个零件,进行连续加工,因此,在精加工中对需保持一定尺寸精度和相互位置精度的中小型零件的表面来说,不仅加工质量高,而且能获得较高的生产率。

2.2 外圆面加工

外圆表面是轴、套、盘等回转体类零件最基本的组成表面之一。其主要技术要求一般包括尺寸精度、表面粗糙度,重要的表面还包括圆度、圆柱度等形状精度,以及同轴度、圆跳动量、全跳动量等位置精度。外圆表面常用的加工方法有车削、磨削、研磨和超级光磨等。

2.2.1 外圆表面的车削

2.2.1.1 车削外圆常用夹具及应用

(1) 三爪自定心卡盘 这是车床上最常用的夹具,所谓自定心是指在平面螺纹驱动下,能保证三个卡爪同步径向移动,可自动定心且夹紧迅速。该卡盘主要适应于各种回转体零件的装夹,但定位精度不高,夹紧力较小。

(2) 四爪单动卡盘 每个卡爪都是单独移动,夹紧可靠,适用于各种形状的工件。由于不能自动定心,找正工件加工部位中心比较困难。该卡盘常用于装夹形状特殊的轴类和盘类中、小型零件的单件小批加工。

（3）顶尖支承 顶尖支承有两种方式：一种是左端卡盘装夹，右端顶尖支承；另一种是两端都用顶尖支承。前者用于外圆表面的粗车和半精车，后者用于精车。其特点是用两顶尖支承加工出的各段外圆表面间有较高的同轴度，如图 2-10 所示。

（4）花盘、弯板安装 单独使用花盘，用于定位面与车床主轴垂直的形状复杂件的安装。花盘与弯板配合使用可用于定位面与车床主轴平行的较复杂件的安装，如图 2-11 所示。

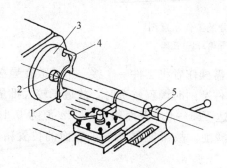

图 2-10 用顶尖安装工件

1—卡箍螺钉；2—前顶尖；3—拨盘；
4—卡箍；5—后顶尖

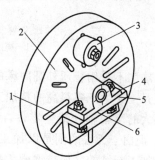

图 2-11 在花盘用弯板安装零件

1—螺栓槽；2—花盘；3—平衡铁；
4—工件；5—安装基面；6—弯板

2.2.1.2 外圆表面车削的工艺特点

① 与外圆磨削相比，车削过程切削量大，效率高，但加工精度和表面质量不如磨削，又由于受刀具材料硬度的限制，车削常用于中等以下硬度表面的粗加工和半精加工。粗车可达 IT11~13，表面粗糙度 Ra 值 25~50μm。半精车可达 IT9~10，表面粗糙度 Ra 值为 6.3~12.5μm。用于不淬硬黑色金属和有色金属的精加工，其加工精度可达 IT7~8，表面粗糙度 Ra 值为 0.63~2.5μm。金刚石车削加工精度可达 IT5~6，表面粗糙度 Ra 值为 0.01~1.25μm。进行精细外圆车削需采用精密车床和仔细刃磨的车刀，此外还要合理选用切削用量。

② 由于在一次装夹中可以车出回转体类零件上较多的表面，因此，较容易保证各加工表面的相互位置精度，如轴类各段轴颈间的同轴度，盘类外圆与端面间的垂直度及与内孔的同轴度等。

③ 车刀结构简单，制造、刃磨容易，装夹方便，故加工成本低，车削是一般外圆表面最常用的加工方法。

2.2.2 外圆表面磨削

2.2.2.1 常用外圆磨床及其应用

常用的外圆磨床按结构不同分为普通外圆磨床和无心外圆磨床。

（1）普通外圆磨床 工件以顶尖孔定位在两顶尖间装夹，多用于轴类零件外圆表面及用心轴装夹的盘、套类零件外圆的加工。

（2）无心磨床 无心磨床工作部分组成及工作原理如图 2-12 所示。

工件在中心轴线与磨削轮中心轴线成一定角度的导轮带动下既转动又移动，产生了沿圆周和轴线两个方向的进给运动，进而由磨削轮磨去工作表面的多余材料。其加工直径大小靠调整磨削轮与导轮中心距离保证。

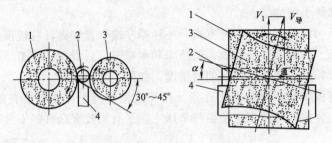

图 2-12　无心磨床工作部分及工作示意图
1—磨削轮；2—工件；3—导轮；4—托架

　　无心磨削不采用普通外圆磨床的装夹方法，只需操作者将工件一个接一个地放在导板上即可。这是一种生产率很高的精加工方法。由于首件磨削时调整较费时，故适于较大批量加工直径不大的小型轴、销类零件，其加工精度可达 IT5～6，表面粗糙度 Ra 值为 0.16～1.25μm。但由于无心磨削是以加工表面本身定位磨削，故不能提高加工表面的位置精度，也不适于加工断续的（如带键槽、平台）外圆面。

2.2.2.2　外圆磨削方法

　　（1）纵磨法　如图 2-13（a）所示，由于纵磨法所用砂轮宽度较小，磨削深度小，产生的磨削力小、磨削温度低，且砂轮表面缺陷不会复映至工作表面，所以加工精度较高，表面粗糙度较低，适用于长度与直径比较大的外圆表面的磨削。

　　（2）横磨法　如图 2-13（b）所示，此法由于采用了大于工件加工表面长度的宽砂轮，且只以小的进给量作横向移动，直到磨去全部余量而达到尺寸要求，因此生产率高。但由于散热条件差，磨削温度高，径向切削力大，因此工件易变形和烧伤。另外，砂轮表面的修整质量和磨损会直接影响工件表面加工质量，所以加工质量较纵磨法低，常用于大批量加工刚性较好、质量要求不太高的短工件外圆面。

　　（3）深磨法　如图 2-13（c）所示，此法采用修整成锥面或带台阶的砂轮，以较小的纵向进给量、较大的磨削深度磨削，生产率较高，加工质量介于纵横磨法之间。适用于长度和直径尺寸都较大、刚性好、余量大而硬度又较高的外圆表面，以磨代车，粗精加工合一的条件下。

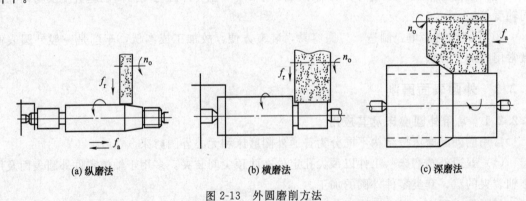

(a) 纵磨法　　　　　　　　(b) 横磨法　　　　　　　　(c) 深磨法

图 2-13　外圆磨削方法

2.2.2.3　高质量磨削

　　（1）高速磨削　此法采用特制高强度、大直径的砂轮，配以高速电动机，使磨削速度达到 80～120m/s。其加工精度、表面质量和生产率都高于一般磨削，是一种高效、高质量的磨削。但此法要求机床具有较高的精度和足够的刚性，以保证高速磨削条件下的平衡性。此外，由于产生的切削热量多，工件表面温度高，需要机床配备有充分的冷却液循环装置，以免使加工表面过热而烧伤。

（2）高表面质量磨削　达到工件表面粗糙度 $Ra > 0.008 \sim 0.16 \mu m$ 要求的磨削方法称为高质量磨削。在高精度或精密磨床上，采用细粒度的砂轮，经过精细修整后，由于磨粒微刃的等高性好，在摩擦、抛光等综合作用下，可使工件表面粗糙度达到 Ra 值小于或等于 $0.01 \mu m$。此法与研磨等其他光整加工方法相比，不仅效率高而且可提高加工表面的形状精度和位置精度，但机床费用较高。

2.2.2.4　外圆表面的光整加工

光整加工是指研磨、珩磨、超级光磨、抛光等加工方法，是在工件表面已精加工的基础上的继续加工，目的是达到更高的加工精度（IT6 以上）和更好的表面质量。

（1）外圆的研磨　一般小批量的外圆研磨是在车床上用研具加研磨剂手工进行的。研磨运动如图 2-14 所示。研具工作面形状与工件加工面形状对应，研具材料要比工件软些，以便在压力作用下，使部分磨粒嵌入研具工件面表层，产生对工作表面的切削作用。常用研具材料有铸铁、青铜等。研磨剂由极细的磨料和研磨液组成。研磨液用煤油加机油或植物油，再加入适量化学活性较强的油酸、脂肪酸等。

研磨机理为微量切削加化学氧化等综合作用的结果，其工艺特点如下。

① 研磨与其他光整加工方法相比，除磨粒的微量切削作用外，还有油酸或脂肪酸的化学氧化作用，使产生的切削力更小，切削热更少，因此研磨过程工件几乎不受切削力和切削热的不利影响，故能达到很高的尺寸精度（IT5 以上），很低的表面粗糙度（Ra 值在 $0.01 \sim 0.16 \mu m$），此外研磨还可以提高加工表面的几何形状精度。

② 由于研磨过程中工件与研具间位置不是固定的，而是随机的，因此研磨不能提高加工表面的相互位置精度。

③ 研磨与高质量磨削相比生产率低，但不需要精密复杂、昂贵的设备，且方法简单，容易保证加工质量。

为提高研磨效率，较大批量零件的研磨可在半自动研磨机上进行。

（2）超级光整　超级光磨是在超级光磨机上用磨头进行的加工方法，如图 2-15 所示。

加工时工件作低速转动（$v = 0.2 m/s$ 左右），磨头沿工件轴向作较低频率（$6 \sim 25$ 次/s）和较小幅度（$3 \sim 6 mm$）往复运动的同时，还沿着工件轴向做缓慢的进给运动（$0.1 \sim 0.15 mm/r$）。由于这三种运动的复合，再加之组成磨头的磨条磨料极细，对工件表面压力很小，且能做到充分冷却润滑，因此不仅切削余量极小，切削力极小，切削温度不高，且在工件表面产生的切削痕迹是很细密复杂的交叉网纹，故超级光磨能获得很低的表面粗糙度，但不能提高形状精度和位置精度。与研磨相比，超级光磨工艺特点如下：

① 超级光磨机床为半自动加工，不仅工人劳动强度比手工研磨低，且一人可兼管几台机床，劳动生产率也较高。

② 由于超级光磨磨头的结构特点，与研磨要比，更适于直径和长度尺寸较大的外圆表面的超精加工。

（3）抛光　抛光是用涂有抛光膏的高速旋转的弹性抛光轮对工件表面进行光整加工的方法。抛光膏由磨粒和油脂混合而成，其作用与研磨剂相同。弹性抛光轮可分别用毛毡、皮革、帆布、绸布等叠加而成。抛光的机理包括附着在抛光轮表面的磨粒对工件表面的微量切

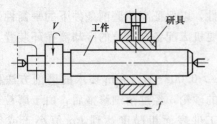

图 2-14 外圆研磨

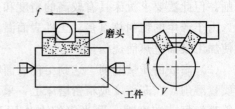

图 2-15 外圆超级光磨

削作用，抛光轮表面纤维在离心力作用下对工件表面的甩打、滚压和强烈摩擦作用（抛光轮速度可达 30～40m/s），使工件表层金属出现极薄的塑流层，对不平处起到填平作用，从而获得高质量的加工表面，表面粗糙度 Ra 值达 $0.08～1.25\mu m$。由于抛光一般为手工操作，工件与抛光轮的位置是随机的，故去除余量不甚均匀，加工精度不高。主要用于加工精度要求不高而表面要求光洁的工件，提高零件的疲劳强度、耐蚀性或作表面装饰等。也常用于形状复杂不宜采用其他方法加工的立体成形面的光整加工，如飞机叶片叶身的最后加工等。

为解决手工抛光生产率低，工人劳动强度大的问题，近些年来出现的液体抛光、电解抛光等新工艺得到愈来愈多的应用。

2.2.3 外圆表面加工工艺路线

综上所述，外圆表面的主要加工方法有车削、磨削和光整加工等。由于外圆表面的精度、表面粗糙度等技术要求和材料硬度、生产类型等条件不同，所采用的加工方案也不同，外圆表面的加工方案如图 2-16 所示。

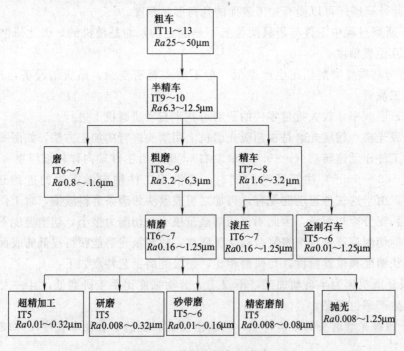

图 2-16 外圆表面加工方案

（1）粗车—半精车—精车 这是应用最广的一个加工方案。只要工件材料可以切削加工，加工精度等于或低于 IT7，表面粗糙度等于或大于 $Ra0.8\mu m$ 外圆表面都可以采用这种加工方案。如果精度要求较低，可以只取粗车，也可以只取粗车—半精车。

（2）粗车—半精车—粗磨—精磨 对于黑色金属材料，特别是对于半精车后有淬火要求，加工精度等于或低于 IT6，表面粗糙度等于或大于 $Ra0.16\mu m$ 的外圆表面，一般可安排这条加工路线加工。

（3）粗车—半精车—精车—金刚石车 用于精度要求高、工件材料为有色金属（如铜合金、铝合金），不宜采用磨削方法加工的外圆表面。

金刚石车是在精密车床上用金刚石车刀进行车削，这种方法已用于尺寸精度为 $0.1\mu m$ 数量级和表面粗糙度为 $Ra0.01\mu m$ 数量级的超精密加工之中。

（4）粗车—半精车—粗磨—精磨—研磨（超精加工、砂带磨、镜面磨或抛光） 这是在前面加工路线 2 的基础上又加进研磨、超精加工、砂带磨、镜面磨或抛光等精密、超精密加工或光整加工。这些加工方法多以减少表面粗糙度、提高尺寸精度、形状和位置精度为主要目的，抛光、砂带磨等以减少表面粗糙度为主。

2.3 孔加工

孔的加工主要指圆柱形的孔的加工。由于受孔本身直径尺寸的限制，刀具刚性差，排屑、散热、冷却、润滑都比较困难，因此一般加工条件比外圆差。但另一方面孔可以采用固定尺寸刀具加工，故孔的加工与外圆表面相比较有大的区别。孔的技术要求包括：尺寸精度（孔径、孔深）、形状精度（圆度、直线度、圆柱度）、位置精度（同轴度、平行度、垂直度）及表面粗糙度等。

2.3.1 孔的分类

孔的加工方法的选择与孔的类型及结构特点有密切的关系。孔的分类如下。

（1）按用途分

① 非配合孔 如螺钉孔、螺栓孔的底孔、油孔、气孔、减轻孔等。这类孔一般要求加工精度较低，在 IT12 以下。表面质量要求也不高，表面粗糙度 Ra 值大于 $10\mu m$。

② 配合孔 如套、盘类零件中心部的孔，箱体、支座类零件上的轴承孔都有要求较高的加工精度（IT7 以上）和较高的表面质量（$Ra<1.6\mu m$）。

（2）按结构特点分 按结构特点可分为通孔、盲孔；大孔、中小孔；光孔、台阶孔；深孔，一般深度孔。

2.3.2 用固定尺寸的刀具加工孔

固定尺寸刀具是指钻头、扩孔钻、铰刀、拉刀等。用这类刀具加工孔，其精度、表面粗糙主要决定于刀具本身的尺寸精度、结构和切削用量等条件。

（1）钻孔 钻孔是在实心材料上加工出孔的方法。所用刀具为钻头，一般用麻花钻，其结构如图 2-17 所示。

钻孔通常在钻床、车床、镗床上进行。车床一般钻回转体类中心部位的孔，镗床钻箱体零件上的配合孔系，钻后进行镗孔，除此以外的孔大都在钻床上加工。

钻孔特点如下：横刃前角为负值，主切削刃愈接近芯部前角愈小，且两刃不易磨得对称，排屑槽深，刚性差。切削条件差，如切削深度大（a_p 等于钻头直径一半），散热条件

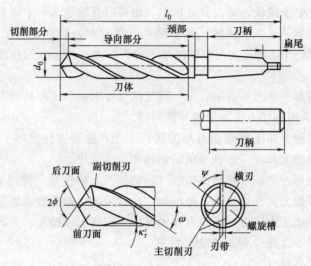

图 2-17　麻花钻结构

差，排屑困难，易划伤已加工表面，刀具易磨损等。因此，钻孔只能达到较低的加工精度（IT10～13）和较高的表面粗糙度（Ra 值为 5～80μm）。由于受到机床动力和刀具强度的限制，钻头直径不能太大，通常在 75mm 以下，故钻孔只能加工精度要求低的中小直径尺寸的孔。

（2）扩孔　扩孔是用扩孔钻对已钻出（或铸、锻出）的孔进行的再加工。其目的是扩大孔径，提高孔的加工精度和表面质量。扩孔钻的结构如图 2-18 所示，扩孔钻与麻花钻相比具有无横刃、切削刃多、前角大、排屑槽浅、刚性好、导向性好等结构特点，且切削深度小（如图 2-19 所示）、切削力小、散热条件好、切削平衡等切削特点，故扩孔的加工质量优于钻孔。扩孔加工精度达 IT9 ～13，表面粗糙度 Ra 值为 1.25～40μm，并能修正钻孔时产生的中心轴线歪斜等缺陷。扩孔钻直径一般最大为 100mm，大于 100mm 直径的扩孔钻很少应用，直径大于 100mm 的孔应考虑采用镗削加工。

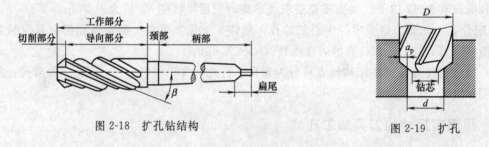

图 2-18　扩孔钻结构　　　　　　　　　　　图 2-19　扩孔

（3）铰孔　铰孔是利用铰刀对已有的孔进行精加工的方法。可在车床、钻床、镗床上进行机械铰孔，也可将工件装在钳台上进行手工铰孔。两种铰刀的结构如图 2-20 所示。

两种铰刀结构上的不同点是，手动铰刀为了便于定位和操作省力，切削部分锥角较小，切削刃和修光刃都较长。机用铰刀柄部为锥柄，便于与机床主轴或钻套锥孔配合，而手动铰刀柄部为直柄方头，便于用扳手架。

铰孔是孔的精加工方法之一，机铰加工精度为 IT7～8，表面粗糙度 Ra 为 0.32～10μm。手铰加工精度达 IT5，表面粗糙度 Ra 为 0.08～1.25μm。铰刀与麻花钻及扩孔钻相比，刀刃数量多（6～12 个），容屑槽浅，刚性和导向性好，铰刀修光部分能修整刮光加工表面，且

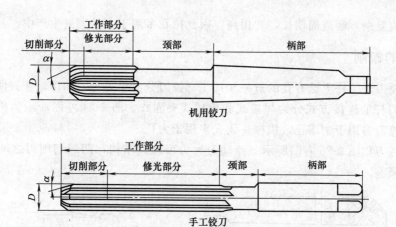

图 2-20　铰刀结构

切削余量小，切削速度低。切削力小，切削热少，因此铰孔能获得较高的加工质量。

（4）拉孔　拉孔是用拉刀在拉床上进行的，孔的形状、尺寸由拉刀截面轮廓保证。圆孔拉刀的结构如图 2-21 所示。

拉刀的工作部分由许多切削齿和校正齿组成。切削齿逐齿均匀切除余量，校正齿前角、后角皆为零度，能对加工表面起到校正尺寸、形状及修光作用。而且拉床是液压传动，功率大，速度低，传动平稳，且粗、精加工可一次完成，因此拉削不仅可以达到较高的加工精度（IT6～7）、较低的表面粗糙度（Ra 值为 $0.16～1.25\mu m$），而且有很高的生产率。拉刀截面可根据加工需要做成各种形状，不仅能拉圆孔，还可以拉其他各种形状的孔，如图 2-22所示。

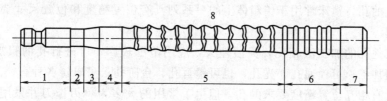

图 2-21　拉刀结构

1—柄部；2—颈部；3—过渡锥；4—前导部；5—切削部分；6—校准部分；7—后导部；8—分屑槽

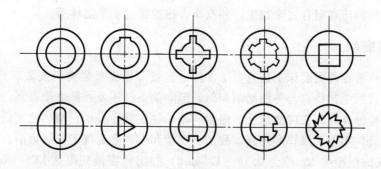

图 2-22　适于拉削的孔型

考虑到拉刀强度和机床动力问题，拉削一般用于直径 8～125mm，深度不超过所拉孔径5 倍的孔加工。

由于拉孔是用孔本身定位，故不能修正孔的位置误差。

拉刀结构复杂，制造周期长，费用高，因此拉孔多用于大批大量生产中。

2.3.3 孔的镗削

镗孔是镗刀对工件上已有孔的进一步加工。镗刀分为单刃镗刀和浮动镗刀两种。单刃镗孔刀刀头与刀杆的连接方式分为焊接式和机械式夹固式。图 2-24 左图所示为机械夹固式镗刀。焊接式镗刀多用于中小孔，机械夹固式多用于大孔。

浮动式镗刀如图 2-23 右图所示。浮动刀片为可调式结构，两端切削刃之间距离可按要求孔径尺寸调整。

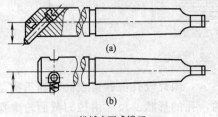 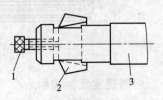

机械夹固式镗刀
(a) 盲孔镗刀；　　(b) 通孔镗刀

浮动镗刀
1—固定螺钉；2—浮动刀片；3—刀杆

图 2-23　常用镗刀

浮动镗刀工作时其刀片能沿镗杆径向滑动找正位置，两个对称的切削刃所产生的径向切削力能互相抵消，减少或消除不利影响。浮动镗刀不仅易于保证孔径尺寸及表面粗糙度，而且简化了操作，提高了生产率，但不能纠正孔轴线的直线度和位置度误差。

镗孔一般在车床上或镗床上进行。车床镗孔常用于加工回转体零件中心部位的孔和小型支座类零件上的孔。镗床常用于镗箱体上的一系列具有位置精度和位置尺寸要求的轴承孔，如图 2-24 所示。

镗孔与其他孔的加工法相比，灵活性大，应用范围较广，可进行孔的粗加工、半精加工，也可以精加工；可镗通孔、光孔，也可镗盲孔、台阶孔；可以镗各种直径的孔，更适宜镗大直径的及有相互位置精度要求的孔。但由于常用的大多为单刃镗刀并采用试切法加工，故与铰孔、扩孔、拉孔相比，生产率较低。精密箱体类零件上的孔通常采用坐标镗床和金刚镗床加工，不仅孔的精度可达 IT5～7，而且能保证很高的位置精度。大批量箱体类零件上的孔常采用专用镗床和组合镗床加工，如汽车、拖拉机发动机缸体等。

2.3.4 孔的磨削

孔的磨削一般在内圆磨床上进行，工件用卡盘或专用夹具装夹（图 2-25）。磨孔的工作原理、运动方式、工艺特点与外圆磨削相似，但磨削条件不及外圆磨削有利。主要是内圆磨削时砂轮、砂轮轴直径和长度受到孔的限制。砂轮往往直径较小，磨削速度低，砂轮轴刚性差，冷却不充分，不便于操作和观察，故加工质量和生产率都低于外圆磨削。一般加工精度为 IT7～9，表面粗糙度 Ra 值为 $0.16～1.25\mu m$，加工精度最高可达 IT6，Ra 值为 $0.08～0.16\mu m$。

磨孔与拉孔、铰孔相比，其适应性强，应用范围广。磨孔和镗孔相似，但所加工孔的表面硬度范围不同。镗孔适用于加工中等以下硬度的表面，磨孔适用于中等以上硬度表面，尤其是淬火后高硬度的孔。因而磨孔是工件淬硬后对孔进行精加工的主要方法之一。

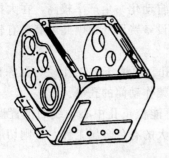

图 2-24 车床主轴箱

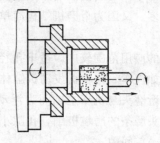

图 2-25 内圆磨削

2.3.5 孔的光整加工

孔的光整加工指的是用研磨、珩磨等方法对已经精加工过的孔的继续加工，以提高加工表面的尺寸精度、表面质量，使其达到更高的要求。

（1）孔的研磨 孔的研磨过程、原理、工艺特点与外圆表面的研磨相同，但研磨孔用的研具是圆柱形的研磨棒。研磨棒装夹在车床两顶尖上或钻床上的主轴孔中，随主轴一起转动，手持工件进行研磨。为补偿其磨损，研磨棒常做成可涨式的，如图 2-26 所示。研磨棒外径调至比孔径小 0.01～0.025mm。

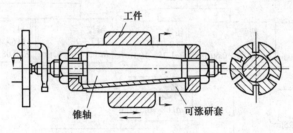

图 2-26 孔的研磨

孔的研磨常为手工操作，效率低，工人劳动强度大，应用较少，仅用于小孔的单件小批量的光整加工。

（2）孔的珩磨 珩磨是在珩磨机上由珩磨头进行光整加工的方法，如图 2-27 所示。

珩磨时工件安装工作台的夹具中固定不动，由磨粒极细的磨条组成的珩磨头与机床主轴呈浮动连接，珩磨条在机床主轴带动下作低速转动的同时作上下往复运动。珩磨头内部装置使沿圆周均匀分布的磨条以一定的压力与工件孔壁接触，在相对运动中使工件表面薄薄一层金属被切除。由于孔在珩磨前进行过精加工，而珩磨时切削速度又低，磨条磨粒极细，压力小，切除的金属层极薄并进行充分的润滑冷却，因此工件受切削力和切削热的影响极小。磨粒在工件表面留下

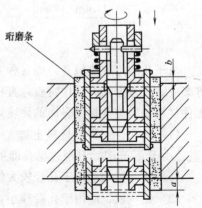

图 2-27 珩磨头结构及珩磨运动

的是交叉细密的网状痕迹，故珩磨能获得很高的加工精度（IT5～6）和很低的表面粗糙度（Ra 值为 0.04～1.25μm），以及较小的圆度和圆柱度误差（0.03～0.05mm）。

珩磨由于同时切削的磨条数量较多，加工过程为半自动化，生产率较高，在大批量生产中应用较多。又因为珩磨机结构简单，精度要求不高，设备费用低，因此珩磨具有较好的经济性。

珩磨的应用范围较广，适于孔径为 15～500mm 的孔，更适于加工孔径与孔深比大于 5 的深孔，如汽车、拖拉机发动机缸体活塞孔及飞机起落架作动筒的孔等。

由于珩磨头与机床主轴间为浮动连接，所以珩磨不能校正孔中心轴线的位置误差和歪斜。珩磨头磨条的磨粒极细，孔隙小，不适于加工韧性大的有色金属工件，否则切屑易堵塞磨条上的磨粒间隙。

2.3.6 孔的加工方案及应用范围

孔常用的加工方案如图 2-28 所示。

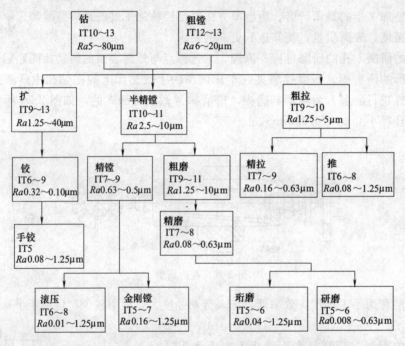

图 2-28 孔的加工方案

由于孔加工方法较多，而各种方法又有不同的应用条件，因此选择孔的加工方法和加工方案应综合考虑孔的结构特点，直径和深度，尺寸精度和表面粗糙度，工件的外形和尺寸，工件材料的种类及加工表面的硬度，生产类型和现场条件等进行合理确定。

(1) 钻孔 在实体材料上加工孔，必须先钻孔。若孔的精度要求不高，孔径又不太大（直径小于 50mm），只经过钻孔即可。

(2) 钻—扩 应用于孔径较大但精度要求又不高的孔。

(3) 钻—铰 应用于孔径较小，加工精度要求较高的各种加工批量的标准尺寸和大批量加工非标准尺寸的孔。

(4) 钻—扩—铰 应用条件与钻—铰基本相同，不同点在于孔径较大。

(5) 钻（粗镗）—半精镗—精镗—浮动镗或金刚镗 适用于精度要求高，但材料硬度不太高的钢铁零件或有色金属件的孔加工。特别是位置精度要求较高的孔系加工。

（6）钻（粗镗）—半精镗—磨—珩磨（研磨）　适用于加工过程中需要淬硬的工件孔的精加工，其中珩磨用于较大直径深孔的终加工，研磨用于较小直径孔的终加工。

（7）钻—拉　适用于大批量加工未淬硬的盘、套零件中心部位的通孔。

2.4　平面加工

平面是圆盘形、板形零件的主要表面，也是箱体零件的主要表面之一。

2.4.1　平面类型及技术要求

平面分为外平面和内平面。外平面如板、箱体零件的外表面，轴盘、套零件的端面。内平面为如图 2-29 所示的槽内平面以及如图 2-30 所示的方孔的键槽。

平面的技术要求包括平面与基准间的尺寸精度，平面本身的平面度、直线度及与其他表面间的平行度、垂直度、倾斜度等位置精度，表面粗糙度。

平面的加工方法包括车削、铣削、刨削、拉削、磨削和研磨等。

2.4.2　平面的车削

轴、盘、套等回转体零件的端面，一般都采用车削加工。这些零件的端面一般要求与内、外圆轴线有垂直度要求，因此应与外圆或孔在一次安装中同时加工完成，以保证它们之间的相互位置要求。

箱体零件上的孔端面，往往要求与孔的轴线垂直，可在镗床上一次安装中同时加工出孔和端面。

车削平面的加工精度一般可达 IT8～10，表面粗糙度 Ra 值为 1.25～5μm。

(a) 不通槽　(b) 半通槽　(c) 通槽

图 2-29　槽内平面

(a) 键槽　(b) 四方孔　(c) 六方孔

图 2-30　孔内平面

2.4.3　平面的铣削

铣削是平面加工应用最广的一种。铣削中小型零件上的平面通常在卧式铣床或立式铣床上进行。其中立式铣床加工范围更广，除可加工一般平面外，还可加工不通槽、半通槽及梯形槽、燕尾槽。卧式铣床可采用多刀组合加工台阶平面，以提高生产率。大型零件上平面可在龙门铣床上进行加工。

铣削平面的尺寸精度一般可达 IT8～10 级，表面粗糙度 Ra 值为 1.25～10μm。与刨削平面相比，铣刀刀齿数量多，切削速度快，再加上可采用多刀组合，故生产率较高。

铣削平面可以用端铣，也可以用周铣，铣削沟槽可用混合铣，如图 2-31 所示。端铣主要是用端铣刀的端齿进行切削，铣刀旋转轴线与被加工表面相垂直，一般用于立式铣床铣削平面。周铣是用圆柱铣刀的圆周齿铣削，铣刀的回转轴线与加工表面平行。

周铣法铣削工件时有两种方式，即逆铣与顺铣（如图 2-32）。铣削时若铣刀旋转切入工

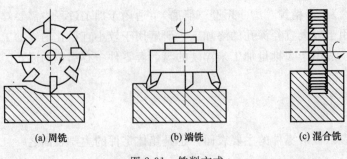

(a) 周铣　　　　　　　(b) 端铣　　　　　　　(c) 混合铣

图 2-31　铣削方式

件的切削速度方向与工件的进给方向相反，称为逆铣；反之，则称为顺铣。与逆铣相比，顺铣具有提高刀具耐用度和降低工件表面粗糙度，保证工件夹持稳固等特点。但顺铣时刀具作用于工件上的水平分力 F_f 与工件的进给运动方向 v_f 是相同的［见图 2-32（b）］，铣床工作台的进给丝杠与固定螺母之间一般都存在间隙，且间隙处在进给方向的前方，由于 F_f 的作用，就会使工件连同工作台和丝杠一起向前窜动，造成进给量突然增大，甚至引起打刀，而逆铣则没有这一现象。此外，顺铣法不宜切削表面带有硬皮的工件，否则易导致刀具磨损过快甚至损坏。所以，在生产中仍多采用逆铣法。

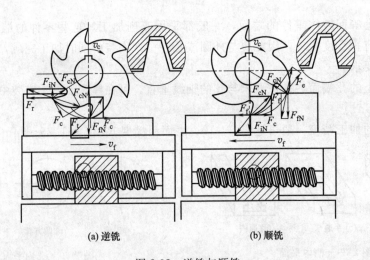

(a) 逆铣　　　　　　　　　　(b) 顺铣

图 2-32　逆铣与顺铣

　　端铣有对称铣削、不对称逆铣和不对称顺铣三种方式。对称铣削如图 2-33（a）所示，铣刀轴线始终位于工件的对称面内，它切入、切出时切削厚度相同，有较大的平均切削厚度。一般端铣多用此种铣削方式，尤其适用于铣削淬硬钢。不对称逆铣如图 2-33（b）所示，铣刀偏置于工件对称面的一侧，它切入时切削厚度最小，切出时切削厚度最大。这种加工方法，切入冲击较小，切削力变化小，切削过程平稳，适用于铣削普通碳钢和高强度低合金钢，并且加工表面粗糙度值小，刀具耐用度较高。不对称顺铣如图 2-33（c）所示，铣刀偏置于工件对称面的一侧，它切出时切削厚度最小，这种铣削方法适用于加工不锈钢等中等强度和高塑性的材料。

　　端铣与周铣相比，端铣同时参加切削的刀齿数量多，主切削刃担负主要切削工作，刀尖圆弧和副切削刃修光，刀杆短粗，刚性好。因此端铣的加工效率和质量都比周铣高，所以平面铣削中端铣用得较多。

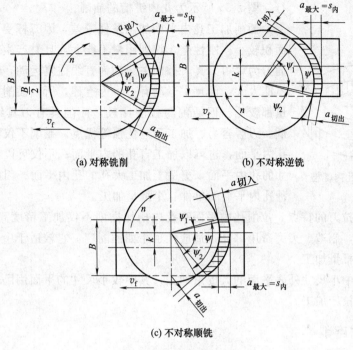

(a) 对称铣削　　　　　　　　　(b) 不对称逆铣

(c) 不对称顺铣

图 2-33　端铣方式

2.4.4　平面的刨削

刨削也是平面的主要加工方法之一。中小型零件的平面在牛头刨床上加工,大型零件的平面在龙门刨床上加工。

用刨削加工的平面有板、箱体等零件上的外表平面,还有台阶平面和各种截面形状的通槽,如梯形槽、V 形槽、燕尾槽等。常见刨刀的形状及应用如图 2-34 所示。

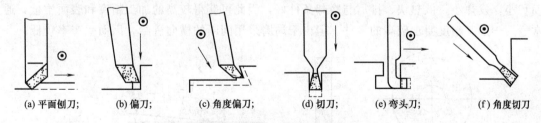

(a) 平面刨刀;　(b) 偏刀;　(c) 角度偏刀;　(d) 切刀;　(e) 弯头刀;　(f) 角度切刀

图 2-34　常见刨刀的形状及应用

与铣削平面比较,由于刨刀为单刃刀具,且在往复直线运动中的返回是为空程,因此生产率较低。

刨削平面加工精度一般可达 IT8～10 级,表面粗糙度 Ra 值为 2.5～10μm。

在龙门刨床上采用宽刃刨刀精刨大型平面如床身导轨,可以代替手工刮削,不仅能获得较高的尺寸精度(可达 IT6～8 级)和较高的直线度(1000mm 长度内不大于 0.02mm)及较低的表面粗糙度(Ra 值约 0.63～5μm),并且可大大减轻工人劳动强度,提高生产率。

2.4.5　平面的插削与拉削

孔内平面(如孔内键槽、四方孔、六方孔)的加工一般在插床(立式刨床)和拉床上进

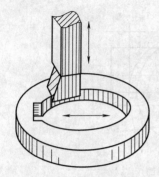

图 2-35　插削孔内键槽

行。图 2-35 所示为孔内键槽的插削。

插削加工孔内平面加工条件较差，因刀杆受到孔径限制，截面积较小、刚性差，切削用量不能大，且易产生振动等，再加之插刀为单刃刀具，插削主运动为直线往复运动，不仅主运动速度不能太大，而且主运动有一半为空程，所以插削生产率和加工质量都较低。但插削与拉削比较，插削具有刀具结构简单、造价低、刃磨容易、加工适应性强等优点。插削不仅可以加工通孔的孔内平面，也可以加工盲孔的内平面；不仅可以加工中小直径尺寸的孔内平面，更适于加工大孔的孔内平面。因此插削适用于各种孔内平面的单件、小批量加工。

由于拉床与拉刀的特点，拉削孔内平面和孔内槽比插削不仅加工精度高，生产率也高。但拉刀结构复杂，制造、刃磨费用都高，适应性也不如插削广，它较适于中等尺寸通孔内平面和孔内槽的大批量加工。

拉削也用于中小尺寸外表平面的大批量加工，其中较小尺寸的平面用卧式拉床，较大尺寸的平面用立式拉床加工。

2.4.6　平面的磨削

平面磨削主要用于加工质量要求高的外表平面及淬火钢等硬度较高的材料外表平面的加工。其加工精度 IT6～7 级，表面粗糙度 Ra 值为 $0.04～2.5\mu m$。

平面磨床的种类较多，按工作台的形状不同分为矩台式和圆盘式两种，矩台式不仅适于较长尺寸的工件，也适于较短尺寸的工件；而圆盘式仅适于较短尺寸的工件。根据砂轮的轴线在空间的位置不同，平面磨床又分为卧轴式和立轴式两种，分别适用于周磨法和端磨法这两种平面磨削方法。

（1）周磨法　如图 2-36（a）所示，砂轮的工作面是圆周表面，磨削时砂轮与工件接触面积小，发热小、散热快、排屑与冷却条件好，因此可获得较高的加工精度和表面质量，通常适用于加工精度要求较高的零件。但由于周磨采用间断的横向进给，因而生产率较低。

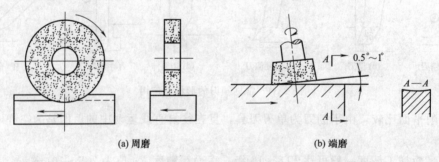

(a) 周磨　　　　　　　　　　　(b) 端磨

图 2-36　周磨与端磨

（2）端磨法　如图 2-36（b）所示，砂轮工作面是端面。磨削时磨头轴伸出长度短，刚性好，磨头主要承受轴向力，弯曲变形小，因此可采用较大的磨削用量。砂轮与工件接触面积大，同时参加磨削的磨粒多，故生产率高，但散热和冷却条件差，且砂轮端面沿径向各点圆周速度不等而产生磨损不均匀，故磨削精度较低。一般适用于大批精度要求不太高的零件表面加工，或直接对毛坯进行粗磨。为减小砂轮与工件接触面积，将砂轮端面修成内锥面形，或使磨头倾斜一微小的角度，这样可改善散热条件，提高加工效率，磨出的平面中间略成凹形，但由于倾斜角度很小，下凹量极微。

回转体零件上的端面可以在外圆磨床或内圆磨床上与有关的外、内圆在一次安装中同时磨出，以保证相互间有较高的垂直度。

盘、套、板类的零件上具有两个平行平面并要求保证二者尺寸精度和平行度时，可将工件（铁磁性材料）平放在具有电磁吸盘的平面磨床上进行磨削，不仅易于保证加工要求，而且装夹方便迅速。尺寸小的零件多个排放在电磁盘上，可一次磨出，生产率较高。

2.4.7 平面的光整加工

对于尺寸精度和表面粗糙度要求很高的零件，一般都要进行光整加工。平面的光整加工方法很多，一般有研磨、刮研、超精加工、抛光。下面介绍研磨和刮研。

（1）研磨 研磨加工是应用较广的一种光整加工。加工后精度可达 IT5 级，表面粗糙度可达 $Ra0.1\sim0.006\mu m$。既可加工金属材料，也可以加工非金属材料。

研磨加工时，在研具和工件表面间存在分散的细粒度砂粒（磨料和研磨剂）在两者之间施加一定的压力，并使其产生复杂的相对运动，这样经过砂粒的磨削和研磨剂的化学、物理作用，在工件表面上去掉极薄的一层，获得很高的精度和较小的表面粗糙度。

研磨的方法按研磨剂的使用条件分以下三类。

① 干研磨 研磨时只需在研具表面涂以少量的润滑附加剂，如图 2-37（a）所示。砂粒在研磨过程中基本固定在研具上，它的磨削作用以滑动磨削为主。这种方法生产率不高，但可达到很高的加工精度和较小的表面粗糙度值（$Ra0.02\sim0.01\mu m$）。

② 湿研磨 在研磨过程中将研磨剂涂在研具上，用分散的砂粒进行研磨。研磨剂中除砂粒外，还有煤油、机油、油酸、硬脂酸等物质。在研磨过程中，部分砂粒存在于研具与工件之间，如图 2-37（b）所示。此时砂粒以滚动磨削为主，生产率高，表面粗糙度 $Ra0.04\sim0.02\mu m$，一般作粗加工用，但加工表面一般无光泽。

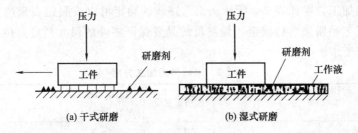

图 2-37 平面研磨方法

③ 软磨粒研磨 在研磨过程中，用氧化铬作磨料的研磨剂涂在研具的工作表面，由于磨料比研具和工件软，因此研磨过程中磨料悬浮于工件与研具之间，主要利用研磨剂与工件表面的化学作用，产生很软的一层氧化膜，凸点处的薄膜很容易被磨料磨去。此种方法能得到极细的表面粗糙度值（$Ra0.02\sim0.01\mu m$）。

（2）刮研 刮研平面用于未淬火的工件，它可使两个平面之间达到紧密接触，能获得较高的形状和位置精度，加工精度可达 IT7 级以上，表面粗糙度值 $Ra0.8\sim0.1\mu m$。刮研后的平面能形成具有润滑油膜的滑动面，因此能减少相对运动表面间的磨损和增强零件接合面间的接触刚度。刮研表面质量是用单位面积上接触点的数目来评定的，粗刮为 $1\sim2$ 点$/cm^2$，半精刮为 2～3 点/cm^2，精刮为 3～4 点/cm^2。

刮研劳动强度大，生产率低；但刮研所需设备简单，生产准备时间短，刮研力小，发热小，变形小，加工精度和表面质量高。此法常用于单件小批生产及维修工作中。

2.4.8 平面的加工工艺路线

（1）粗车—半精车—精车—金刚车 用于精度要求较高但不需淬硬及硬度低的有色金属回转体零件端面的加工。

（2）粗车—半精车—精车—精密磨 用于精度要求较高且需淬硬的回转体零件端面的加工。

（3）粗刨—半精刨—宽刃精刨、刮研或研磨 用于未淬火的大型狭长平面，如机床床身导轨的加工，以刨代磨减少工序周转时间。

刮研是获得精密平面的传统加工方法。在大批量生产的一般平面加工中有被取代的趋势，但在单件小批量生产或修配工作中，仍有广泛应用。

（4）粗铣—半精铣—精铣—高速精铣 用于中等以下硬度要求的一般平面的加工，根据被加工面的精度和表面粗糙度的技术要求，可以只安排粗铣，或安排粗铣、半精铣，或安排粗铣、半精铣、精铣。

（5）粗铣（刨）—半精铣（刨）—粗磨—精磨—研磨（精密磨、砂带磨或抛光） 用于加工质量要求特别高且需淬硬的工件平面的加工，如块规（量具）工作面等。视平面精度和表面粗糙度要求，可以只安排粗磨、亦可以安排粗磨—精磨，还可以在精磨后安排研磨或精密磨。

（6）粗拉—精拉 用于大批量加工硬度不高的中小尺寸外表平面的加工，如沟槽、台阶面。

对于加工精度不太高、生产批量不大的各类孔内平面和孔内槽，可以采用钻、插加工。

平面加工的热处理一般安排在粗加工之后、精加工之前。

平面的常用加工方案如表 2-2 所示。工艺路线的确定可以按照此表来选择，也可以以通过查机械加工工艺手册来自行确定，最终目的是要保证零件的尺寸精度、位置精度、形状精度和表面粗糙度要求。

表 2-2 平面常用加工方案

序号	加 工 方 法	经济精度级	表面粗糙度 Ra /μm	适 用 范 围
1	粗车—半精车	IT9	6.3～3.2	
2	粗车—半精车—精车	IT7～IT8	1.6～0.8	端面
3	粗车—半精车—磨削	IT8～IT9	0.8～0.2	
4	粗刨（或粗铣）—精刨（或精铣）	IT8～IT9	6.3～1.6	一般不淬硬平面（端铣表面粗糙度值较小）
5	粗刨（或粗铣）—精刨（或精铣）—刮研	IT6～IT7	0.8～0.1	精度要求较高的不淬硬平面；批量较大时宜采用宽刃精刨方案
6	以宽刃刨削代替上述方案刮研	IT7	0.8～0.2	
7	粗刨（或粗铣）—精刨（或精铣）—磨削	IT7	0.8～0.2	精度要求高的淬硬平面或不淬硬平面
8	粗刨（或粗铣）—精刨（或精铣）—粗磨—精磨	IT6～IT7	0.4～0.02	

续表

序号	加 工 方 法	经济精度级	表面粗糙度 Ra /μm	适 用 范 围
9	粗铣—拉削	IT7~IT9	0.8~0.2	大量生产,较小的平面(精度视拉刀精度而定)
10	粗铣—精铣—磨削—研磨	IT6 以上	0.1~Rz0.05	高精度平面

2.5 特殊形面的加工

组成机械零件的表面除了常见的外圆、内圆、平面外,有些零件还具有形状复杂的表面,这些就是成形面,主要指各种非圆形曲面,其类型大体分为以下三种。

(1) 回转体成形面 该面是由一条曲线绕一固定轴线旋转而成,如图 2-38 所示,机床手柄就是一个典型的例子。

(2) 直线成形面 该面可分封闭、不封闭的两种,如图 2-39 所示。直线成形面是由一直线沿封闭的或不封闭的曲线做平行移动而形成的,凸轮的形成即典型的直线成形面。

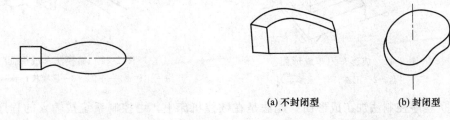

图 2-38 回转体成形面

(a) 不封闭型　　(b) 封闭型

图 2-39 直线成形面

(3) 立体成形面 该成形面是由空间三坐标尺寸不同的点组成的不规则的最复杂的形面,图 2-40 为汽轮机叶片的叶身形面。

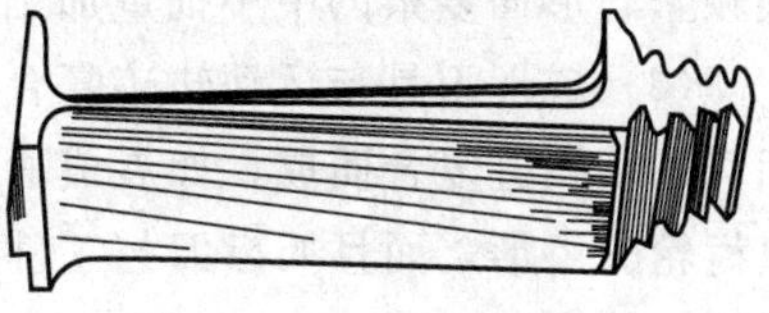

2.5.1 成形面的加工

成形面的切削加工方法按加工原理不同分为成形刀具法、运动轨迹法及成形刀具与运动轨迹复合成形法。

图 2-40 立体成形面
(叶片形面)

(1) 成形刀具法加工成形面 此法是使用成形刀具加工成形面。在车、铣、刨、拉、磨等加工中都可应用,所用刀具为成形车刀、成形铣刀、成形刨刀、拉刀、成形砂轮等。成形刀具有与工件形面相应的形状和尺寸的主切削刃。其共同特点是操作简单,生产率高。由于成形刀具的设计、制造比一般刀具复杂,需要较长的生产准备周期和较高的费用,一般应用于较大批量生产中。如图 2-41 所示为用成形车刀车削成形面。

(2) 运动轨迹法加工成形面 用此法加工出的零件的成形面不是由刀具主切削刃形状、尺寸决定的,而是由刀具与工件相对运动的轨迹形成。

属于此加工类型的有以下三种方法。

① 按划线或样板加工 此法是在通用机床上,由人工控制刀具或工件的纵、横向进给,按事先在工件上划好的加工表面轮廓线或样板模线进行加工。与其他加工方法相比较,此法

较难保证加工精度，生产率低，工人劳动强度大，并需由技术熟练的工人操作，但此法不需要专门设计、制造成形刀具和靠模，灵活性大，用于单件、小批量加工。

② 靠模法加工　如图 2-42 所示，此法是由靠模装置控制普通刀具或工件按靠模工作面曲线运动，使之加工出所需要的形状和尺寸。此法可在普通机床上加靠模装置进行，也可在专门的仿形机床上进行，前者使用通用机床，但加工质量和生产率不如后者。无论是前者还是后者，加工前都需要根据零件形状和尺寸要求设计制造专用靠模，需要较长的生产准备时间和较高的费用，故适用于较大尺寸形面的较大批量加工。

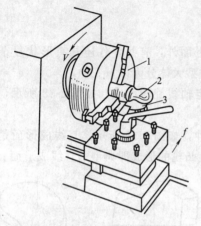

图 2-41　成形车刀车成形面

1—卡盘；2—工件；3—成形车刀

图 2-42　靠模法车成形面

1—工件；2—车刀；3—靠模板；4—连接板

③ 程序控制法加工成形面　此法是在数控机床上，由控制系统按输入的程序进行自动加工完成所需成形面。由于改变加工形面形状、尺寸只需改变输入的程序即可，因此与靠模法相比生产准备时间短，费用低，灵活性大。但机床费用高，技术复杂，适用于加工对象更换频繁、形面复杂的中小批量加工。

（3）成形刀具与运动轨迹复合成形法　此法加工的形面是由刀具的形状与工件、刀具间相对运动轨迹复合而成，如展成法加工齿轮中的插齿加工，不仅插齿刀的齿形要符合相应模数齿轮的齿形，而且插齿刀与工件间还必须强制保持一定的转动速比关系，才能加工出所需要的齿轮齿形。

2.5.2　螺纹加工

螺纹是一种特定的成形面，牙形种类和尺寸规格多，应用广泛。如联接螺纹分为普通螺纹、英制螺纹和管螺纹等；传动螺纹分为梯形螺纹、锯齿形螺纹、矩形螺纹等。

不同用途的螺纹其精度要求也不同。对于联接螺纹和无传动精度要求的传动螺纹，一般只要求中径和顶径的精度，其公差等级共分 12 级，其中 1 级最高、最难以加工，12 级最低。目前应用的螺纹，其公差等级大都在 4~8 级之间，3 级以上和 9 级以下的很少应用。

螺纹的加工方法有车、铣、攻丝、套扣、磨、滚压、搓丝等。

（1）车螺纹　车螺纹是用螺纹车刀（一般刀刃形状与所加工的螺纹牙型相同）在车床上进行，如图 2-43 所示。

车削时工件与刀具间的运动要严格按一定的速比关系进行，即工件每转一转，刀具沿工件轴线方向相应移动一个螺距（单头螺纹）或导程（多头螺纹）。除大量加工细长的丝杠车床外，一般零件上的螺纹都可在普通车床上加工。

车削螺纹的主要工艺特点如下。

① 适应性强 车床上能加工各种形状和尺寸的螺纹，且刀具简单，费用低。

② 加工精度较高 由于车削过程连续、平稳，加工精度一般可达 6 级，$Ra<1.6\mu m$，加工精度最高达 4 级，$Ra<0.8\mu m$。

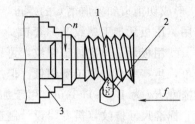

图 2-43 车螺纹
1—工件；2—螺纹车刀；3—卡盘

③ 生产率较低 与其他方法相比，生产率较低。原因是走刀次数多，对刀、测量都比较费时。当采用螺纹梳刀车削螺纹时，由于刀齿较多，生产率有所提高。

④ 对工人技术水平要求高 螺纹车刀的刃磨、安装要求较严格，车刀在每次走刀后退回时要求操作者动作要特别熟练、快捷，所以操作者要有较高的技术水平。

综上所述，普通车床车螺纹适于尺寸较小的非标准螺纹和尺寸较大、精度较高、小批量的螺纹加工。

（2）铣螺纹 铣螺纹是在专门螺纹铣床上用螺纹铣刀加工螺纹的方法。由于铣刀齿多、转速快、切削量大，故比车螺纹生产率高。螺纹铣削的加工精度可达 7 级，Ra 可达 $1.6\mu m$。

铣螺纹按所有铣刀不同分为以下两种：

① 盘状铣刀铣螺纹 如图 2-44 所示，安装铣刀和工件时，铣刀轴线与工件轴线必须成一 λ 角度（螺纹的螺旋升角）。盘状铣刀铣螺纹主要用于精度不太高的较大螺距的长螺纹的终加工和较精密螺纹的预加工。

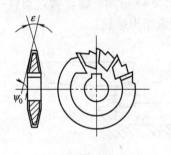
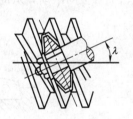

(a) 盘状螺纹铣刀　　　　(b) 螺纹铣刀的安装

图 2-44 盘状螺纹铣刀铣螺纹

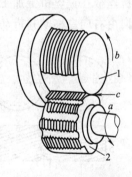

图 2-45 梳状铣刀铣螺纹
1—工件；2—梳状铣刀

② 梳状铣刀铣螺纹 如图 2-45 所示，梳状铣刀可以看作是多个盘形铣刀的组合。加工时，铣刀转动为切削运动，工件只需转一圈，同时铣刀沿工件轴线方向移动一个螺距（当铣刀长度和工件长度接近时），即可铣出整个螺纹。实际中考虑到铣刀有切入、退出等运动，工件需多转一定的角度。梳状铣刀加工螺纹效率高，主要用于加工螺旋升角较小，牙形为三角形的短尺寸螺纹。

（3）用丝锥、板牙加工螺纹 用丝锥加工内螺纹称为攻丝，丝锥结构如图 2-46 所示。从外形看，丝锥似纵向开有沟槽（形成切削刃和容屑槽）、头部带有锥度（切削部分）的螺杆。攻丝前需按要求尺寸加工出螺纹底孔。

板牙是加工或校正外螺纹用的刀具，其结构如图 2-47 所示。板牙外形似钻有三个孔

（形成切削刃和容屑槽）的螺母，且孔的端部具有30°～60°锥角，以起到切削前引导定位作用。用板牙加工螺纹又称套扣。

用板牙、丝锥加工螺纹，可以在车床上进行，也可以在钻床上进行。其特点是：操作简单，生产率高，加工费用低。但加工精度不太高，攻丝为6～8级，套扣为7～8级，表面粗糙度 Ra 为 $1.6～6.3\mu m$。用于加工各种批量、公称直径小于16mm的标准螺纹和较大批量非标准尺寸螺纹（需专门设计制造丝锥或板牙）。

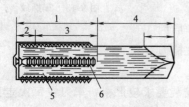
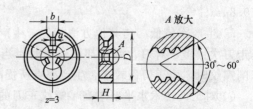

图 2-46　丝锥结构图　　　　　　　图 2-47　板牙结构
1—工作部分；2—切削部分；3—定径部分；
4—柄部；5—容屑槽；6—切削刃

（4）滚压法加工螺纹　滚压加工螺纹属于无屑加工。被加工坯件表层金属在滚丝轮或搓丝板的挤压力作用下产生塑性变形，形成螺纹，从而达到加工目的。

用滚丝轮在滚丝机上加工螺纹称为滚丝，其工作部分如图 2-48 所示。滚丝时，两滚丝轮中，只转动不移动的称为静滚轮，既转动又径向移动的称为动滚轮，工件置于二滚轮的托板上。

用搓丝板在搓丝机上加工螺纹称为搓丝，其工作部分如图 2-49 所示。搓丝时，动板在水平方向由右向左移动并带动工件在上、下两板间滚动，从而滚压出螺纹。

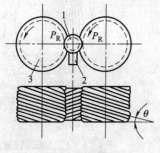
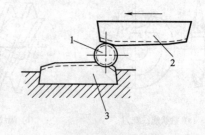

图 2-48　滚螺纹　　　　　　　　图 2-49　搓丝
1—工件；2—托板；3—滚丝轮　　　1—工件；2—动板；3—静板

滚压螺纹的牙型尺寸决定于滚丝轮或搓丝板的牙型尺寸，滚压螺纹的直径决定于两滚丝轮或两搓丝板之间的距离。

滚压螺纹与其他加工方法相比，主要特点是生产率特别高，滚丝每分钟可加工 10～60 件，搓丝比滚丝更高，每分钟可加工 120 件。滚压螺纹加工精度可达 3～6 级，表面粗糙度 Ra 为 $0.2～0.8\mu m$。滚压螺纹纤维组织连续、密度大、强度高、耐用，并且设备简单，材料利用率高。滚压螺纹的缺点是受滚丝轮和搓丝板齿面硬度的限制，只适于加工硬度不高、塑性好、中小直径和齿高不太大的外螺纹，不适于加工内螺纹、方牙螺纹和薄壁零件上的螺纹。

（5）磨螺纹　磨螺纹是螺纹的精加工方法，采用轮廓经过修整的砂轮在专门的螺纹磨床上进行，其加工精度可达 3～4 级，表面粗糙度可控制在 $Ra0.2～0.8\mu m$。

由于螺纹磨床结构复杂、精度高、加工效率低、加工费用高，所以磨螺纹一般用于加工硬度高的精密螺纹，如精密丝杠、测量用螺纹、螺纹丝锥等。

2.5.3 齿轮加工

齿轮是机械产品中应用较多的零件之一。其主要部分——轮齿的齿面是特定形状的成形面。符合此要求的有摆线形面、渐开线形面等，最常见的是渐开线形面。

齿轮的加工主要是齿形的加工，下面以渐开线圆柱齿轮为例，介绍齿轮加工有关知识。

2.5.3.1 渐开线的形成及齿轮主要参数

渐开线的形成如图 2-50 所示。渐开线是由一动直线在平面内沿半径为 r_b 的圆周作无滑动的纯滚动时，动线端点移动时的轨迹。半径为 r_b 的圆称为基圆，动直线称为发生线。渐开线的弯曲程度与基圆直径大小有关，基圆愈小，曲率愈大。渐开线齿轮的一个轮齿就是由同一基圆形成的两条方向相反的渐开线的线段组成的。

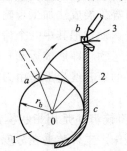

图 2-50 渐开线的形成
1—基圆；2—动线；3—渐开线

齿轮转动时，渐开线上各点圆周线速度方向与该点法线方向的夹角称为压力角，如图 2-51 所示。同一条渐开线上各点压力角不同，渐开线与齿轮分度圆（直径为 d）相交点的压力角称为齿轮的压力角，标准渐开线齿轮的压力角 α 为 20°。从图中可知，当压力角一定时，形成某一模数和齿数的齿形的基圆直径 d_b：

$$d_b = d\cos\alpha = mz\cos\alpha \tag{2-1}$$

从式（2-1）可知，决定渐开线齿形的参数不仅包括压力角 α 和模数 m，而且还与齿轮齿数 z 有关，所以，模数、齿数、压力角是渐开线齿轮的主要参数，齿轮的其他尺寸参数，如分度圆直径、齿顶圆直径、齿根圆直径都是由它们通过一定的公式计算后得到的。

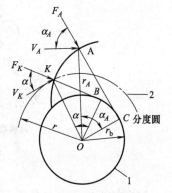

图 2-51 渐开线的压力角
1—基圆；2—分度圆

2.5.3.2 圆柱齿轮的精度

齿轮齿形的制造精度对机械产品的工作性能和使用寿命有很大影响。根据齿轮的工作条件和用途不同，应对齿轮的制造精度提出不同的要求。在《渐开线圆柱齿轮精度》国家标准（GB 10095—1988）中，对齿轮规定了如下精度要求。

（1）传递运动的准确性 要求齿轮在一转范围内，其最大转角误差限制在一定范围内，以保证从动件与主动件协调，速比变化小，传递运动准确。

（2）传动的平衡性　要求齿轮传动瞬时传动比变动不大，因为瞬时传动比的突变会引起齿轮传动冲击、振动和噪声。

（3）载荷分布的均匀性　要求齿轮啮合时齿面接触良好，以免引起应力集中，造成局部磨损或断裂，影响齿轮使用寿命。

（4）传动侧隙　要求齿轮在啮合时，轮齿非工作面间应有一定的间隙。产生间隙的大小主要通过控制齿轮的齿厚得到，根据工作条件选择确定。该间隙主要用于储藏润滑油，补充齿轮传动中的变形和各种误差。否则，齿轮传动中可能会出现卡死或烧伤。

标准规定：齿轮精度分为 12 个等级，其中 1 级最高，12 级最低，1～2 级为发展前景级而规定的，一般不用。在实际应用中，3～5 级为最高精度级，如测量齿轮、精密机床齿轮、航空发动机重要齿轮；6～8 级为中等精度级，如内燃机车、电气机车、汽车、拖拉机上的重要齿轮；9～12 级为低精度级，如起重机械、农业机械中的一般齿轮。

2.5.3.3　圆柱齿轮齿形的加工

齿形加工按加工原理分为成形法和展成法两种。成形法加工齿形由所用刀具切削部分的截形保证，常用的成形法加工有模数铣刀铣齿和拉齿等。展成法加工齿轮的实质是利用一对渐开线齿轮（如插齿）或齿轮齿条（如滚齿）的啮合运动，把其中一个齿轮或齿条制成具有切削能力的刀具，在齿轮坯与刀具二者作强制性啮合运动（即展成运动）的同时，刀具作主运动来实现齿轮齿形的加工。从加工原理分析，工件的渐开线齿形是由刀具截形加展成运动的包络线形成的。属于展成法加工的有插齿、滚齿等。

（1）铣齿　如图 2-52 所示，不论是用模数盘铣刀铣齿还是用指状模数铣刀铣齿，都是采用通用机床，其中前者用卧式铣床，后者用立式铣床。工件装夹在分度头上的卡盘上（或分度头卡盘与顶尖之间），调整好刀具与齿坯之间的位置，切完一个齿间后，按一定角度转动分度头再切下一个齿间。基中盘状模数铣刀用于铣模数小于 8 的齿轮，指状模数铣刀用于铣模数大于 8 的齿轮。

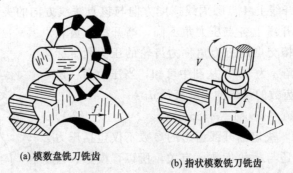

(a) 模数盘铣刀铣齿　　　　　(b) 指状模数铣刀铣齿

图 2-52　模数铣刀铣齿

铣齿加工的齿形是靠铣刀刀齿截面形状来保证的。不同齿数的齿形进行加工时，由于采用了齿形近似的模数铣刀，分度头分度时也存在一定的误差，使得成形法铣齿的精度较低（9 级以下）。另外，铣齿前刀具与工件间的位置找正较费时间，铣削过程中每铣一齿都需要重复消耗一定的切入、切出和分度等辅助时间，故铣齿的效率低。但是成形法铣齿刀具简单，设备通用，在没有专门齿轮加工机床情况下，单件小批量加工低精度齿轮比较适用。

（2）拉齿　将拉刀的刀齿截形做成渐开线形状，就可以在普通拉床上拉齿。目前，拉齿常用于加工直径不太大的直齿内齿轮。加工外齿轮，拉齿用的较少，其主要原因是外齿加工方法较多，生产率也较高。与孔的拉削一样，拉齿具有加工精度高，表面粗糙度低，生产率高等特点，但是刀具结构复杂、成本高，故拉齿适用于大批量生产中。

（3）插齿　插齿是选用与工件模数相同的插齿刀在插齿机上进行的，如图2-53所示。插齿工作原理相当于一对无啮合间隙的圆柱齿轮传动。插齿时，通过机床传动系统，不仅使插齿刀作上、下往复运动进行切削，而且使插齿刀与齿坯间严格按速比关系强制运动，这样即可包络切削形成工件的渐开线齿形。

插齿加工过程具有以下四种运动。

① 主运动　插齿刀的上、下往复运动，以每分钟往复次数表示，单位 str/min。

② 分齿运动　插齿刀与工件间由机床传动系统强制保持有速比关系的转动，即插齿刀转过 $1/Z_刀$ 转时，工件也相应转过 $1/Z_工$ 转。

③ 进给运动　进给运动包括圆周进给运动和径向进给运动。

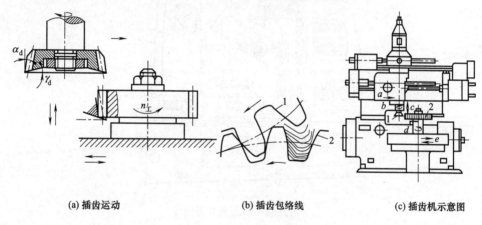

(a) 插齿运动　　　　　　　**(b) 插齿包络线**　　　　　　　**(c) 插齿机示意图**

图 2-53　插齿加工原理

1—插齿刀；2—被加工齿轮

圆周进给运动是指分齿运动中，插齿刀每往复一次，工件分度圆上所转过的弧长，单位为 mm/str。其大小决定了包络线的密度，直接影响齿面的表面粗糙度。径向进给运动指插齿刀每往复一次，工件径向移动的距离，单位为 mm/str。

④ 让刀运动　为使插齿刀在返回行程中，其后刀面与工件已加工表面间不发生摩擦，以减小刀具的磨损和避免影响加工表面质量，工件台要带动工件在径向后移一段距离，当插齿刀的下一个工作行程开始前工件又恢复原位，这个运动称为让刀运动。

插齿与铣齿相比，刀具数量少（一个模数一把刀具），加工精度高，可达7～8级，表面粗糙度 Ra 可达 $0.63\mu m$，生产率较高（机床为半自动工作，切削过程连续）。与滚齿相比，齿面较光洁（包络线密度大），生产者率略低些（有一半空行程），但新型插齿机最高冲程数已达 2500 次/分钟，生产率比较高。插齿不仅可加工外齿轮，还可以加工内齿轮和相距较近的双联、多联齿轮。

（4）滚齿　滚齿是用齿轮滚刀在滚齿机上进行的滚齿加工，滚齿机外部结构如图2-54所示。

所用齿轮滚刀如图2-55所示。滚刀外形似开有纵向槽（形成切削刃和容屑槽）、铲出后面及轴向截形为齿条齿形的蜗杆。因此，齿轮滚刀与工件相当于一对蜗轮与蜗杆的啮合，不同点是机床传动系统保持滚刀（单头）转一转，工件转 $1/z$ 转的强制速比关系。当滚刀转动时，在它的轴向剖面上相当于有一个无限长的齿条在向前移动，滚刀刀齿一系列顺序切削形成的包络线便形成了工件的渐开线齿形，如图 2-56 所示。

滚齿过程需要具有以下几种运动，如图 2-57 所示。

① 主运动　滚刀的旋转运动，其转速成为 $n_刀$，单位 r/min。

② 分齿运动　滚刀转一转，被切齿坯转 $K/z_工$ 转（K 为滚刀头数）。

③ 垂直进给运动　为切出全部齿宽，滚刀沿工件轴向移动，工件每转一转或每一分钟沿齿轮轴向移动的距离，即 mm/r 或 mm/min。

滚刀的径向切深是通过工作台控制的，对于模数较小的齿轮，一次可切至全深，对于较大模数齿轮则要分 2～3 次滚切。

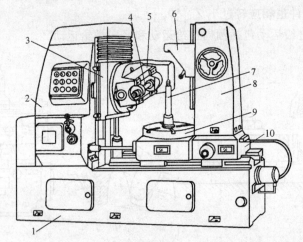

图 2-54　滚齿机外形图
1—床身；2—立柱；3—刀架溜板；4—刀杆；5—刀架体；6—支架；
7—心轴；8—后立柱；9—工作台；10—床鞍

滚齿时滚刀呈高速连续切削，其加工效率大大高于铣齿，略高于插齿。加工精度可达 7～8 级，与插齿相同。滚齿时由于形成包络线的切线数目受滚刀开槽数量的限制，一般比插齿少，故齿面粗糙度略高于插齿（Ra 为 1.6～3.2 μm）。

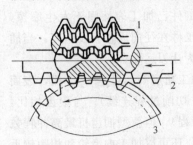

图 2-55　齿轮滚刀及工作图
1—滚刀；2—假想齿条；3—工件

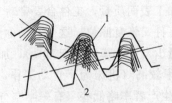

图 2-56　滚齿包络线
1—工件；2—滚齿刀截形

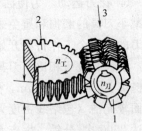

图 2-57　滚齿运动
1—主运动；2—工件转动；
3—垂直进给运动

滚齿与插齿的相同之处在于用同一模数的刀具，可加工出同模数不同齿数的齿轮。滚刀制造，刃磨较困难，成本较高。

滚齿不仅可以加工直齿轮，还可以加工螺旋圆柱齿轮和蜗轮，但不能加工内齿轮和相距较近的双联齿轮中的较小直径的齿轮。

由于插齿、滚齿加工精度一般达 7～8 级，对于要求精度更高的齿轮，插齿或滚齿后还需进一步精加工。齿轮齿形精加工方法有剃齿、珩齿和磨齿等。

（5）剃齿 剃齿是用剃齿刀在专门的剃齿机上对未淬硬的齿轮进行的一种精加工方法。剃齿刀如图 2-58 所示，其外形似一斜齿圆柱形齿轮，但在其齿面上开有许多小沟槽，以形成切削。剃齿刀与工件的安装位置及切削运动如图 2-59 所示。

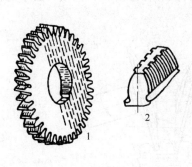

图 2-58 剃齿刀

1—剃齿刀整体外形；2—单齿放大图

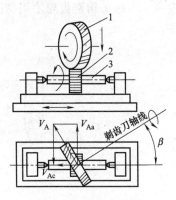

图 2-59 剃齿工作图

1—剃齿刀；2—齿轮；3—心轴

剃齿前，剃齿刀与工件轴线安装成一剃齿刀刀齿螺旋角 β。工作时，剃齿刀带动工件转动，二者为自由啮合，此时，剃齿刀与工件齿面接触点的圆周速度 V_A 分解为两上方向的分速度，分别是沿工件圆周切线方向的分速度 V_{An} 与轴线方向的分速度 V_{At}。V_{An} 使工件旋转，形成剃齿刀与工件间的自由展成运动。V_{At} 使工件与剃齿刀沿轴线方向产生相对移动，使剃齿刀刀刃对工件齿面产生切削作用。为了能剃至完全齿宽，由工作台带动工件作往复直线运动。

剃齿的主要特点是加工精度较高，一般可达 6～7 级，表面粗糙度低（Ra 为 0.4～0.8μm），且机床结构简单，生产率高，但刀具结构复杂，制作费用高。一般剃齿刀是用高速钢制作，故不能加工淬硬后的齿轮。

（6）珩齿 珩齿的加工原理及运动与剃齿相同，所用珩磨轮其外形亦与剃齿刀相同，但齿面不开小沟槽，材质是用很细的金刚砂加环氧树脂压制而成。由于珩磨时珩磨轮的转速比剃齿高得多，达 1000～2000r/min，且珩磨过程得集磨削、研磨、抛光等几种精加工的综合效果，因此珩齿比剃齿加工表面质量更高（Ra 为 0.16～0.32μm）。

由于珩磨轮弹性较大，修正误差的能力不强，所以珩齿对齿形精度的改善不大，主要用于消除齿轮热处理后齿面产生的氧化皮，可使表面粗糙度降低。

（7）磨齿 磨齿是在磨齿机上对淬硬后的齿轮进行精加工的方法。磨齿是目前齿形加工中精度最高、表面粗糙度最小的加工方法，最高精度可达 3～4 级。

磨齿按加工原理不同分为成形法和展成法两种。

成形法磨齿如图 2-60 所示，其砂轮的截面形状由专门的金刚石修整器按加工的齿轮规格尺寸修整而成，被加工齿轮的齿形由砂轮截形保证，每磨完一个齿，由机床专门的分度机构分度后再磨下一

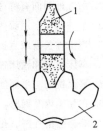

图 2-60 成形法磨齿

1—成形砂轮；2—工件

个齿。这种方法磨齿生产率较高，但加工精度较低，原因为砂轮齿形修整有误差，分度有误差及磨削中砂轮齿面磨损不均匀等。

根据展成法原理制造的磨齿机分为连续分度和单齿分度两种类型。

单齿分度的磨齿机也分两种类型。一种采用单片锥形砂轮，另一种采用双片碟形砂轮，如图 2-61 所示。

由于齿轮磨床都具有机构复杂、精度高、价格昂贵、工时费用高等特点，因此一般情况下，精度高于 6 级的精密齿轮才用磨削加工，如齿轮刀具、标准齿轮和机械产品中的精密齿轮零件等。

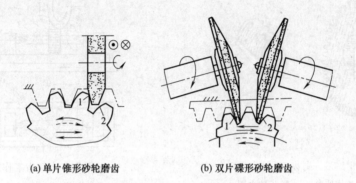

(a) 单片锥形砂轮磨齿　　　　　(b) 双片碟形砂轮磨齿

图 2-61　单齿分度磨齿

2.5.3.4　圆柱齿轮齿形加工方案的确定

在齿轮加工工艺过程中，齿形加工是重要的组成部分。齿形加工方案的确定主要考虑齿轮齿形的精度等级、生产类型、热处理要求及齿轮结构等。

（1）9 级精度以下齿轮　单件、小批加工时，可以采用成形法铣齿；较大批量加工时，需采用滚齿或插齿。

（2）8 级精度以下齿轮　一般采用滚齿或插齿就能满足要求。若齿面需淬硬，则采用滚齿（或插齿）淬火的加工方案。但在淬火前齿形加工精度提高一级。

（3）6～7 级精度齿轮　若齿面为中等硬度，可采用滚齿（或插齿）—剃齿；若齿面需淬硬，则采用滚齿（或插齿）—剃齿—表面淬火—珩齿。这种方案生产率高，设备简单，成本较低。

（4）5 级以上精度齿轮　一般采用粗滚齿—精滚齿—（淬火）—粗磨齿—精磨齿。

习题与思考题

1. 加工外圆面有哪些方法？如何选用？

2. 车外圆面常用哪些车刀？车削长轴外表面为什么常用 90°偏刀？

3. 当工件长度跟直径之比大于 20～25 倍（$L/d>20$～25）时，称为细长轴，细长轴应如何加工？

4. 车床镗孔和镗床镗孔有什么不同？各用于什么场合？

5. 平面铣削与平面刨削在应用上有何不同？

6. 在加工内平面时，插削与拉削在应用条件上有何不同？

7. 综合分析外圆、孔、平面各种加工方案的应用条件。

8. 成形表面可归纳为哪几类，成形面的切削加工方法有哪些，各有何特点？

9. 传动轴上平键槽应选用哪种机床加工？

10. 机床工作台上的 T 形槽可以采用哪些方法加工？

11. 简述各种齿轮加工方法的原理、工艺特点和应用范围。

12. 螺纹加工有哪些主要方法？

13. 小批量加工 7 级精度、模数 $m=3$ 的直齿圆柱齿轮（不需淬硬），应选用何种方法加工？

第3章　机械加工工艺规程设计

在实际生产中，所需要加工的机械零件的材料、形状、尺寸和技术要求等是多种多样的，因而，加工不同零件的过程也不同。而且，当加工某一具体零件时，由于组成该零件的各个表面的形状、尺寸、精度并不相同，可能需要用不同的加工方法在几种机床上进行加工，并且这些表面通常不能同时加工出来。因此，一个零件的生产，不仅需要正确地选择各种表面的加工方法和方案，而且还要合理地安排各表面的加工顺序，即要制订零件的加工工艺规程。

3.1　生产过程与工艺过程

3.1.1　生产过程

机械产品的生产过程是指由原材料到成品之间全部劳动过程的总和。它包括原材料的运输保存、生产的准备工作、毛坯制造并经机械加工而成为零件、零件装配成机器、检验及试车、成品的油漆和包装等。

3.1.2　工艺过程

工艺过程是指直接改变生产对象的形状、尺寸、相对位置和性能等，使其成为成品或半成品的过程。在机械零件的生产中有毛坯制造工艺过程（如铸造工艺过程、锻造工艺过程）、焊接工艺过程、热处理工艺过程、机械加工工艺过程等。

通常把合理的工艺过程编制成技术文件用于指导生产，这类文件称为工艺规程。

3.1.3　机械加工工艺过程

在工艺过程中，用机械加工的方法改变毛坯或原材料的形状、尺寸和表面质量，使之成为产品零件的过程称为机械加工工艺过程。

（1）工序　机械加工工艺过程是由一系列的工序组成的。所谓工序就一个（或一组）工人，在一台机床或一个工作场地上，对一个或一组工件连续进行的那一部分工艺过程。一个零件往往是经过若干个工序才制成的。工序是工艺过程的基本单元，划分工序的主要依据是零件加工过程中工作地（机床）是否变动，其次是该工序的工艺过程是否连续完成。如图3-1所示零件，在单件生产条件下分为五个工序，其工艺过程如表3-1所示。

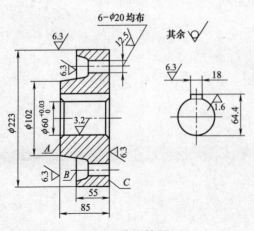

图 3-1　半联轴器

表 3-1 半联轴器的加工工艺过程

工序号	工 序 内 容	工 作 地 点
1	车外圆、车端面、镗孔、内孔倒角	车床
2	钳工划键槽线与 6 个均布孔线	钳工工作台
3	钻 6 个均布孔	摇臂钻床
4	插键槽	插床
5	检验	检验台

(2) 安装 在同一道工序中，工件可能要安装几次。工件在机床上每装卸一次所完成的那部分工序，称为安装。零件在加工过程中应尽可能减少安装次数，因为安装次数越多，安装误差就越大，而且安装工件的辅助时间也要增加。图 3-1 所示零件的第一道工序包括两次安装。第一次安装：用三爪卡盘夹住 102 外圆，车端面 C，镗内孔 60，内孔倒角，车 223 外圆。第二次安装：调头用三爪卡盘夹住 223 外圆，车端面 A 和 B，内孔倒角。

(3) 工位 工位是为了完成一定的工序部分，一次装夹工件后，工件与夹具或设备的可动部分一起相对刀具或设备的固定部分所占据的每一个位置。工件每安装一次至少有一个工位。为了减少工件安装的次数，常采用各种回转工作台、回转夹具或移位夹具，使工件在一次安装中先后处于几个不同的位置进行加工。图 3-2 所示为利用回转工作台在一次安装中顺次完成装卸工件、钻孔、扩孔和铰孔四工位加工的实例。采用多工位加工，可减少工件安装次数，缩短辅助时间，提高生产率。

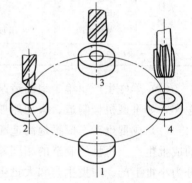

图 3-2 多工位加工
工位 1—装卸工件；工位 2—钻孔；
工位 3—扩孔；工位 4—铰孔

(4) 工步 在一次安装或一个工位中，在加工表面、切削工具、切削速度和进给量都不变的情况下所完成的那部分工序，称为工步。一道工序可以包括几个工步，也可以只包括一个工步。例如在表 3-1 中的工序 1，包括车外圆、车端面、镗孔、内孔倒角几个工步，而工序 4 插键槽时，就只包括一个工步。

(5) 走刀 走刀是工步的一部分，是指由于加工余量较大，需要由同一刀具在同一切削用量下对同一表面进行几次切削时，刀具每切削一次所完成的那部分工艺过程。

3.2 生产纲领与生产类型

3.2.1 生产纲领

生产企业根据生产计划在一个年度内应当生产的产品或零件数量，称为生产纲领。生产纲领也称为年产量。

零件的生产纲领通常按下式计算：

$$N = Qn(1+\alpha)(1+\beta) \tag{3-1}$$

式中 N——零件的年生产纲领，件/年；

Q——产品的年产量，台/年；

n——每台产品中，该零件的数量，件/台；

α——备品率，%；

β——废品率，%。

3.2.2 生产类型

在制订机械加工工艺的过程中，工序的安排不仅与零件的技术要求有关，而且与生产类型有关。根据产品的大小和生产纲领的不同，机械制造可分为三种不同的类型，即单件生产、成批生产和大量生产，如表 3-2 所示。

表 3-2　生产类型的划分

生产类型		同一零件的年产量/件		
		重型（＞200kg）	中型（100～200kg）	轻型（＜100kg）
单件生产		＜5	＜10	＜100
成批生产	小批生产	5～100	10～200	100～500
	中批生产	100～300	200～500	500～5000
	大批生产	300～1000	500～5000	5000～50000
大量生产		＞1000	＞5000	＞50000

（1）单件生产　单个地制造某一种零件，很少重复，甚至完全不重复的生产，称为单件生产，如重型机械制造、大型船舶制造和新产品试制等常属于单件生产。

（2）成批生产　成批地制造相同零件的生产，称为成批生产，如机床制造就是比较典型的成批生产。每批所制造的相同零件的数量称为批量，根据批量的大小、产品的特征，又可分为小批生产、中批生产和大批生产。

（3）大量生产　当同一产品的制造数量很大，在大多数工作地点经常重复地进行一种零件某一工序的生产，称为大量生产，如汽车、拖拉机、轴承等制造通常都是大量生产。

从工艺特点上看，小批生产和单件生产的工艺特点相似，大批生产和大量生产的工艺特点相似，因此生产上常按单件小批生产，中批生产和大批大量生产来划分生产类型。

当生产类型不同时，同一种零件所采用的加工方法、机床设备、工夹量具、毛坯以及对工人的技术要求等都有所不同。生产类型的划分及各种生产类型的工艺特征，如表 3-3 所示。

表 3-3　各种生产类型的工艺特征

特　征	生　产　类　型		
	单件生产	成批生产	大量生产
加工对象	经常变换	周期性变换	固定不变
产品数量	产品或工件的数量少，品种多，生产不一定重复	产品或工件的数量中等，品种不多，周期地成批生产	产品或工件的数量多，品种单一，长期连续生产固定产品
机床布局	机群式布置	按零件分类的流水线布置	按流水线布置
机床设备	通用的（万能的）	通用的和部分专用的	广泛使用高效率专用机床设备
夹具	通用夹具或组合夹具必要时采用专用夹具	广泛使用专用夹具	广泛使用高效率专用夹具

特　征	生　产　类　型		
	单件生产	成批生产	大量生产
刀具与量具	一般刀具,通用量具	专用刀具与量具	高效率专用刀具与量具
安装方法	划线找正	划线找正和广泛使用夹具	不需划线,全部使用夹具
零件互换性	用钳工试配,很少用完全互换	普遍应用完全互换,有时有些试配	完全互换
毛坯	砂型铸造或自由锻	金属模锻或铸锻	金属模机器铸造、模锻、压力锻造、特种锻造
机床布局	按机床类型尺寸布置或机群式	基本上按工件制造流程布置	按工艺路线布置,呈流水线或自动线
对工人技术要求	需要技术全面工人	需要一定训练程度工人	调整工要求技术熟练,操作工要求技术一般、操作熟练
工艺规程	简单,一般为加工过程卡片	比较详细	详细编制
生产率	低	中等	高
成本	高	中等	低

随着技术进步和市场需求的变化,生产类型的划分正在发生着深刻的变化,传统的大批大量生产往往不能适应产品及时更新换代的需要,而单件小批生产的生产能力又跟不上市场之急需,因此各种类型都朝着生产过程柔性化的方向发展。成组技术(包括成组工艺、成组夹具)为这种柔性化生产提供了重要的基础。

3.3　制订工艺规程的要求和步骤

工艺规程是指导生产的技术文件,制订工艺规程要依据零件的生产类型、本厂的生产技术条件和零件的具体技术要求,本着保证产品质量、提高生产率和经济效益的原则,并考虑先进技术、先进加工方法的使用,合理地利用人力和设备,拟定出几种较合理的工艺路线并进行比较,择优选用。

零件的工艺规程就是零件的加工方法和步骤。内容包括:排列加工工艺,确定各工序所用的机床、装夹方法、测量方法、加工余量、切削用量和工时定额等。将各项内容填写在一定形式的卡片上,这就是机械加工工艺的规程,即通常所说的"机械加工工艺卡片"。

3.3.1　制定工艺规程的要求

不同的零件,由于结构、尺寸、精度和表面粗糙度等要求不同,其加工工艺也随之不同。即使是同一零件,由于生产批量、机床设备以及工、夹、量具等条件的不同,其加工工艺也不尽相同。在一定生产条件下,一个零件可能有几种工艺方案,但其中总有一个是较为合理的。

合理的加工工艺必须能保证零件的全部技术要求:在一定的生产条件下,使生产率最高,成本最低,有良好、安全的劳动条件。因此,制订一个合理的加工工艺,并非轻而易举。除需具备一定的工艺理论知识和实践经验外,还要深入生产现场,了解生产的实际情况。

制订工艺规程时,应具备下列原始资料:

① 产品的整套装配图和零件图;

② 产品的整套工艺装备资料,包括原有的专用工具、夹具、刀具、量具和专用设备;

③ 产品验收的质量标准;

④ 产品的生产纲领;

⑤ 毛坯资料:毛坯资料包括各种毛坯制造方法的技术经济特征,各种钢材或型材的品种和规格、毛坯图等;

⑥ 本企业的生产条件:为了使制订出的工艺规程能切实可行,一定要考虑本企业的生产条件,因此,要深入生产实际,了解毛坯生产能力及技术水平、加工设备和工艺设备的规格及性能、工人的技术水平以及专用设备和工艺装备的制造能力等;

⑦ 有关的技术资料:如切削用量手册、夹具手册、机械工艺师手册、有关的国家标准、部颁及厂颁标准、相似零件的工艺规程以及国内外新技术、新工艺资料等。

3.3.2 制订工艺规程的步骤

制订零件机械加工工艺规程的主要步骤如下。

(1) 对零件进行工艺分析 在制订零件的机械加工工艺规程时,首先要分析该零件的零件图;要对照产品装配图,明确零件在产品中的位置、作用和相关零件的关系,然后对零件进行工艺分析。零件的工艺分析主要从下面四个方面进行。

① 分析零件图的完整性与正确性 检查零件视图是否足够,尺寸、公差、表面粗糙度和技术要求的标注是否齐全、合理,重点要掌握主要表面的技术要求,因主要表面的加工决定了工艺过程的大致过程。

② 审查零件技术要求的合理性 零件的技术要求主要是指尺寸精度、形状精度、位置精度的标注、热处理及其他要求(如动、静平衡等)的标注等。要注意分析这些要求在保证使用性能的前提下是否经济合理,在现有生产条件下能否实现等。过高的精度、粗糙度及其他要求会使工艺过程复杂、加工困难、成本提高。

③ 审查零件材料的选择是否恰当 零件材料的选择要在能满足使用要求的前提下尽量选择国内资源丰富的材料,不能随便采用贵重金属。

④ 审查零件的结构工艺性是否合理 零件的结构工艺性是指所设计的零件在能满足使用要求的前提下,制造的可行性和经济性。结构工艺性的问题比较复杂,它涉及毛坯制造、机械加工、热处理和装配等各方面的要求。

(2) 毛坯的选择 确定毛坯的主要依据是零件在产品中的作用和生产纲领以及零件本身的结构。常用毛坯的种类有:铸件、锻件、型材、焊接件、冲压件等。毛坯的选择通常是由产品设计者来完成的,工艺人员在设计机械加工工艺规程之前,首先要熟悉毛坯的特点,如金属模铸造、精密铸造、模锻、冷冲压、粉末冶金等都是精度和生产率较高的毛坯制造方法,可以使毛坯的形状更接近于零件的形状,可大量减少切削加工的劳动量,甚至可不需要进行切削加工,从而提高了材料的利用率,降低了机械加工的成本。当然,降低机械加工工艺成本的代价是提高了毛坯制造成本。所以,在选择毛坯的时候,应以实际出发,综合考虑零件的作用,生产纲领和零件的结构以及本厂的具体情况来确定。

(3) 定位基准的选择 在加工过程中,合理确定定位基面,对保证零件的技术要求和工序的安排有着决定性的影响。

(4) 工艺路线的制订 拟定工艺路线即制订出零件的全部机械加工的加工工序,这是制订工艺规程的核心。主要内容有：选择定位基准、确定加工方法、安排加工顺序以及安排热处理、检验和其他工序等。在拟定工艺路线时，应提出几套可行的方案，从各方面进行分析比较，最后确定一个最佳方案。

（5）确定各工序的设备，刀具、夹具、量具及其他辅助工具 要确定各工序所用的加工设备（如机床）、夹具、刀具、量具和辅助工具，如果是通用的、本企业又没有的，可安排生产计划或采购；如果是专用的，则要提出设计任务书，以及设计和试制计划，由本企业或外请单位进行研制。

（6）确定工序的加工余量、工序尺寸及公差 通过计算各个工序的加工余量和总的加工余量，确定毛坯尺寸。通过计算各个工序的尺寸及公差，控制各工序的加工质量以保证最终加工质量。

（7）确定工序的切削用量和工时定额 合理的切削用量是科学管理生产，获得较高技术经济指标的重要前提之一。如果切削用量选择不当，会使工序加工时间增长、设备利用率下降、工具消耗量增加，从而增加了产品成本。

（8）确定各主要工序的技术要求及检验方法 必要时，要设计和试制专用检具。

（9）填写工艺文件。

3.4 工件的定位与夹紧

3.4.1 工件的定位

在机床上加工工件时，必须使工件在机床或夹具上处于某一正确位置，这一过程称为定位。为了使工件在切削力的作用下仍能保持其正确位置，工件定位之后还需要加以紧固，这一过程称为夹紧。所以，工件在机床或夹具上的安装一般经过定位和夹紧两个过程。

3.4.1.1 工件的定位原理

不受任何约束的物体，在空间具有 6 个自由度，即沿 3 个相互垂直的坐标轴的移动（用 $\vec{X}$、$\vec{Y}$、$\vec{Z}$ 表示）和绕三个坐标轴的转动（用 $\hat{X}$、$\hat{Y}$、$\hat{Z}$ 表示），如图 3-3 所示。因此要使物体在空间具有确定的位置（即定位），就必须约束这 6 个自由度。

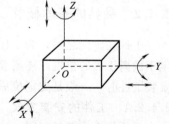

图 3-3 物体 6 个自由度

在机床上要确定工件的正确位置，同样要限制工件的 6 个自由度。一般情况下，是用支撑点来限制工件的自由度。一个支撑点限制工件的一个自由度，要限制工件的 6 个自由度，最少需要 6 个支撑点，而且必须按一定的规律分布。工件的定位原理是指用按照一定的规律分布在 3 个相互垂直表面内的 6 个支撑点来限制工件上的 6 个自由度。

无论工件的形状和结构怎么不同，它们的 6 个自由度都可以用按一定规律分布的 6 个支撑点来限制，使工件在夹具中的位置完全确定，这就是六点定位原理。

图 3-4 中矩形工件的定位，底面放在三个支撑点上，限制工件三个自由度（$\vec{Z}$、$\hat{X}$、$\hat{Y}$），侧平面与两个支撑点接触，限制 2 个自由度（$\vec{X}$、$\hat{Z}$），另一平面与一个支撑点接触，限制 1 个自由度（$\vec{Y}$），这样工件的 6 个自由度都被限制了。

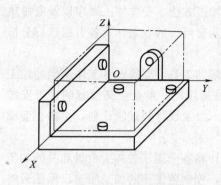

图 3-4　六点定位原理简图

3.4.1.2　六点原则的应用

工件在夹具上定位时，并非在任何情况下都必须限制 6 个自由度，究竟哪几个自由度需要限制，主要取决于工件的技术要求、结构尺寸和加工方法等。

（1）完全定位　工件上的 6 个自由度全部被限制，使之在工序加工中保持完全确定的唯一位置，这种定位称为完全定位。

（2）不完全定位　工件上的 6 个自由度没有全部限制（至少有 1 个自由度没有限制），但已能满足工件的工序加工要求，这种定位称为不完全定位。

（3）欠定位　根据工件的加工要求必须限制的自由度没有得到全部限制，或者说在定位中约束点不足，这样的定位称为欠定位。按欠定位方式进行加工，必然会导致工件的部分技术要求不能得到保证，因此在加工中是不允许的。

值得注意的是，欠定位与不完全定位虽然在形式上是一样的，都属于定位支撑点数少于工件 6 个自由度，但两者的后果是不一样的。

（4）过定位　工件在定位时，同一个自由度被两个或两个以上的约束点约束，这样的定位被称为过定位。过定位是否允许，应根据具体情况进行具体分析。例如，当定位基准是粗基准（指工件与支撑点接触的表面为未加工的不规则毛面）时，若用四个支撑点为支撑工件的粗面时，实际上只能有三个支撑点与工件接触，从而限制 $\overrightarrow{X}$、$\overrightarrow{Y}$、$\overrightarrow{Z}$ 三个自由度。如果强行使第四个支撑点与工件定位面接触，夹紧时必然引起工件变形。在这种情况下，一个平面上布置四个支撑点限制三个自由度的过定位是不允许的。如果工件的定位面是平面度较高的精基准（如经过磨削的平面），采用过定位是允许的。这时，工件支撑在较多的点上反而使工件更稳定、牢固，可以减少工件在加工时的受力变形，增加工艺系统的刚性。有时为了给工件的传递运动或传递动力，也可以使用过定位，如用三爪卡盘加尾顶尖装夹工件车削外圆表面等。

3.4.2　夹具的基本概念

工件在定位之后，为了使其在加工过程中受到切削力、重力和惯性力等作用的影响而不至于偏离正确的位置，还需要把工件夹紧（或夹牢）。工件从定位到夹紧的全过程称为安装。安装工件时，一般是先定位后夹紧。

3.4.2.1　工件的安装方式

具体的生产条件不同，工件的安装方式也不同，并直接影响加工精度及生产率。工件的安装方式分为划线安装和夹具安装两种。

（1）划线安装　将按图纸划好线的工件放置在机床的工作台或通用夹具（四爪卡盘、花盘、平口钳等）上，用划针盘等工具按工件上所划的加工位置线（或找正线）将工件找正后夹紧，称为划线安装。划线安装法通用性好，但生产率低，精度不高，适用于单件小批生产。

（2）夹具安装　使用自定位通用夹具（三爪卡盘等）或专用卡具安装工件，称为夹具安装。用夹具安装时，工件不再需要划线找正，而是靠夹具上的定位元件定位，再用夹紧机构将其夹紧。因此，夹具安装生产效率高，加工质量稳定可靠。常用的有车床类夹具、铣床类夹具、钻床类夹具等，但专用夹具设计制造费用大、周期长，一般用于大批、大量的生产中。

3.4.2.2 夹具的组成

在切削加工中，用以正确迅速地安装工件的工艺装置，称为夹具。它对保证加工质量、提高生产率和减轻工人劳动量有很大作用。

夹具一般由定位元件、夹紧机构、导向元件、夹具体和其他部分组成，如图3-5、图3-6、图3-7所示。常用定位元件限制的自由度见表3-4。

表3-4 常用定位元件限制的自由度

工件定位基准	定位元件	相当支承点数	限制自由度情况
平面	宽支承板	3	一个移动，两个转动
	窄支承板	2	一个移动，一个转动
	支承钉	1	一个移动
孔	长圆柱销	4	两个移动，两个转动
	短圆柱销	2	两个移动
	短菱形销	1	一个移动
	短圆锥销	3	三个移动
	浮动锥销	2	两个移动
	长圆锥销	5	三个移动，两个转动
	前后顶尖	5	三个移动，两个转动
外圆面	长V形铁 长圆柱孔	4	两个移动，两个转动
	短圆柱孔	2	两个移动
	三爪卡盘 1. 夹持工件较短时 2. 夹持工件较长时	2 4	两个移动，两个转动

（1）定位元件　定位元件是夹具上与工件的定位基准接触，用来确定工件正确位置的零件。常用的定位元件有：平面定位的支承钉和支承板，如图3-5所示；内孔定位用的心轴和定位销，如图3-6所示；外圆定位用的V形块，如图3-7所示。

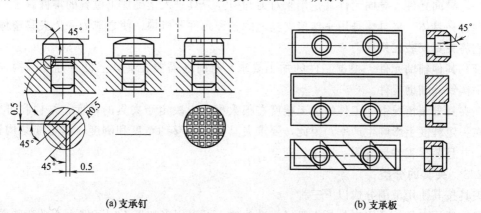

| (a) 支承钉 | (b) 支承板 |

图3-5　平面定位用的定位元件

（2）夹紧机构　夹紧机构即把定位后的工件压紧在夹具上的机构。常用的夹紧机构有螺钉压板夹紧机构和偏心压板夹紧机构，如图3-8所示。

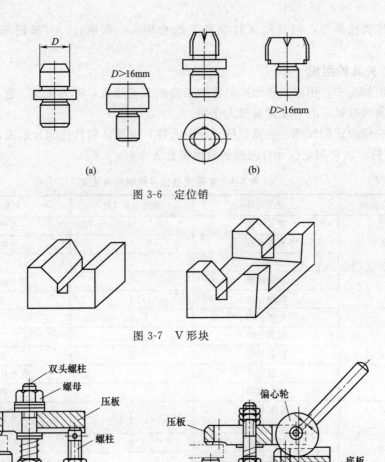

图 3-6 定位销

图 3-7 V形块

图 3-8 夹紧机构

（3）导向元件 导向元件就是用来对刀和引导刀具进入正确加工位置的零件。

（4）夹具体 夹具体是用来连接夹具上的各种元件及机构，使之成为一个夹具整体，并通过它将夹具安装在机床上。

（5）其他辅助元件 根据工件的加工要求，有时还需要在夹具上设有分度机构、导向键、平衡铁等辅助元件。

在夹具安装情况下，工件的加工精度在很大程度上决定于夹具的精度、结构和可靠性，同时在一定程度上影响生产率，因此，要求夹具要有足够的精度和刚度，尽可能结构紧凑、合理，并且装拆工件要方便、迅速、安全。

3.4.2.3 夹具的分类

夹具按其使用范围分成以下三种。

（1）通用夹具 通用夹具是指已经标准化的，可以用来加工不同工件而不必特殊调整的夹具。例如，车床上的三爪和四爪卡盘，铣床上的万能分度头，圆形工作台和平口钳，平面磨床上的电磁吸盘等。这类夹具广泛地用于单件和小批量生产。

（2）专用夹具 专用夹具是为了满足某一工件的某一工序的加工要求而专门设计制造

的，夹具上有专门的定位夹紧装置，工件无需进行找正就能获得正确的位置。这类夹具用于成批和大量生产中。

图 3-9 是加工轴套上的径向孔用的钻床夹具。夹具的各部分装在夹具体 1 上，工件 4 以其内孔和端面在夹具的定位心轴 2 上定位，钻模板上装有钻套 3，它用于钻头的对刀和导向，防止引偏。钻套的轴心对称于定位心轴端的位置，保证了工件径向孔到端面的距离 L。螺母 5 用以夹紧工件。

（3）组合夹具　组合夹具是利用预先制造的、具有不同形状、不同规格尺寸的标准元件，根据工件形状和加工要求，采用"堆积木"方式组装而成的专用夹具。当使用完毕后，各元件拆开，又可另外快速组装成别的夹具，图 3-10 为组合钻夹具。

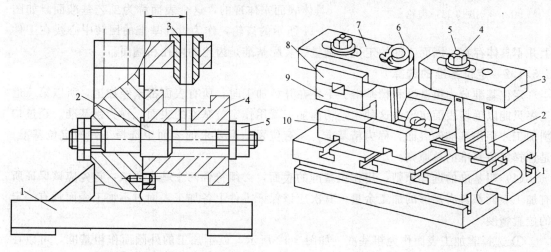

图 3-9　钻床夹具
1—夹具体；2—定位件；3—导向套；
4—工件；5—螺母

图 3-10　组合钻夹具
1—基础件；2—辅助件；3—压紧件；4,5—紧固件；
6,7—导向件；8,9—支撑件；10—定位件

3.5 加工基准与加工余量

3.5.1 工件的加工基准

3.5.1.1 基准的概念

在零件或部件的设计、制造和装配过程中，必须根据一些点、线或面来确定另一些点、线或面的位置，这些作为根据的点、线或面称为基准。在加工过程中，所选择作为定位基准的那些点、线、面直接影响到零件的尺寸精度和相互位置精度。所以，在制订工艺规程时，必须正确地选择定位基准。基准可分为设计基准和工艺基准。

（1）设计基准　在零件图上用以标注尺寸和表面相互位置关系时所用的基准（点、线或面）称为设计基准。如图 3-11 所示，齿轮的内孔、外圆和分度圆的设计基准是齿轮的回转中心线。

（2）工艺基准　在制造零件和装配机器的过程中所使用的基准称为工艺基准。按用途，工艺基准分为定位基准、测量基准和装配基准三种。

① 定位基准　在机械加工中用来确定工件在机床或夹具上正确位置的基准（点、线或

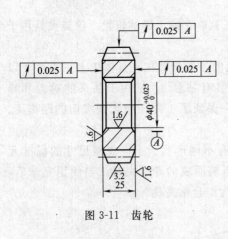

图 3-11　齿轮

面）称为定位基准。如图 3-11 所示，齿轮的内孔和端面是加工齿轮齿形时的定位基准。

② 测量基准　检验已加工表面的尺寸及位置精度时所使用的基准称为测量基准。如图 3-11 所示的齿轮就是检验端面圆跳动和径向圆跳动的测量基准。

③ 装配基准　装配时用以确定零件或部件在机器中位置的基准称为装配基准。如图 3-11 所示的齿轮是以孔作为装配基准的。

必须指出，作为工艺基准的点、线、面，总是由具体表面来体现的，这个表面称为工艺基准面。如图 3-11 所示的齿轮，作为设计基准的回转中心线在工件上并不具体存在，因而工件的定位、测量、装配基准是齿轮的内孔和端面。

3.5.1.2　定位基准的选择

定位基准分为粗基准和精基准。毛坯在开始加工时，所有表面都未经加工，所以第一道工序只能以毛坯表面定位，这种未经切削加工就用作定位基准的表面，称为粗基准。经过切削加工才用作基准的表面，称为精基准。从有位置精度要求的表面中选择工件的定位基准，是选择定位基准的总原则。

（1）粗基准的选择原则　用作粗基准的表面，必须符合两个基本要求：首先应该保证所有加工表面都具有足够的加工余量；其次应该保证零件上各加工表面对不加工表面具有一定的位置精度。

① 选择非加工表面作为粗基准，如图 3-12 所示，以不加工的外圆面作粗基准，可以在一次装夹中把大部分需要加工的表面加工出来，并能保证外圆面与内孔同轴度以及端面与孔轴线垂直度，还能保证加工表面与不加工表面之间有一定的相对位置精度。图 3-13 所示的套，要求壁厚均匀，在毛坯铸造时孔 2 与外圆 1 之间有偏心。如果外圆 1 是不加工表面，要求与孔 2 加工后达到一定的同轴度，则在加工时应选不加工面 1 作为粗基准［图 3-13(a)］，装在三爪自定心卡盘中。加工时虽余量不均匀，但加工后孔与外圆的同轴度能得到保证，壁厚保持均匀。若按图 3-13(b) 方案加工，选择孔 2 作为粗

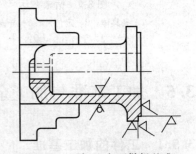

图 3-12　不加工表面做粗基准

准，加工时虽然余量较为均匀，但加工后与外圆不同轴，壁厚就不均匀。

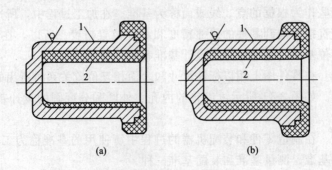

(a)　　　　　　　　　　　　(b)

图 3-13　两种粗基准选择的对比

② 选择要求加工余量均匀的表面作为粗基准。这样可以保证在后续工序中加工该表面时余量均匀。如图 3-14 所示机床床身的加工，由于床身的导轨面是重要表面，要求有较好的耐磨性。在铸造床身毛坯时，导轨面向下放置，金相组织致密均匀，没有气孔等铸造缺陷。在机械加工时，希望均匀地切去较少的余量，保留表面的均匀致密组织，以保证其耐磨性。为此，先选用导轨面作粗基准加工床腿的底平面，然后以床腿底平面定位加工导轨面，这样就能实现上述目的，如图 3-14(a)。相反，如果像图 3-14(b) 所示先以底平面为粗基准加工导轨面，再以导轨面为基准加工底平面，则毛坯上、下两面的平行度误差将会增大导轨面的加工余量，从而影响了导轨面的质量。

③ 选择光洁、平整、面积足够大的表面作为粗基准，使定位准确、夹紧可靠。不能选用有飞边、浇口、冒口之类的表面作为粗基准，也应尽量避开有分型面的表面，否则易使工件报废。

④ 粗基准应尽量避免重复使用。因为粗基准表面粗糙，在每次安装中位置不可能一致，因而很容易造成表面位置超差或报废。

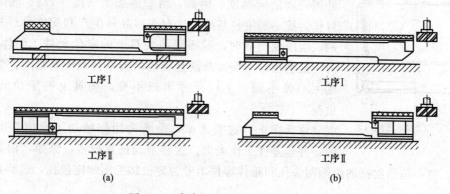

图 3-14　床身加工基准选择正误对比

（2）精基准的选择原则　在第一道工序加工完之后，就应尽量选择加工过的表面作定位基准面，以提高定位精度。

① 基准重合原则　基准重合原则即尽可能选用设计基准作为定位基准，这样可以避免因定位基准与设计基准不重合而产生的定位误差。如图 3-15 的键槽加工，如以中心孔定位，并按照尺寸 L 调整铣刀位置，工序尺寸为 $t=R+L$，由于定位基准和设计基准不重合，因此 R 与 L 两尺寸的误差都将影响键槽尺寸精度。如采用图 3-16 所示定位方式，工件以外圆下母线 B 为定位基准，则为基准重合，就容易保证尺寸 t 的加工精度。

在对加工面位置尺寸有决定作用的工序中，特别是当位置公差要求很小的时候，一般不应违反这一原则。

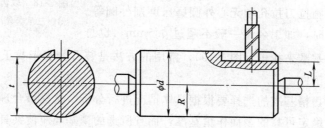

图 3-15　定位基准与工序基准不重合

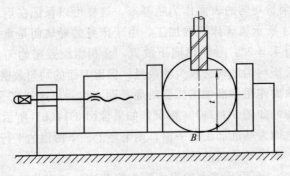

图 3-16　定位基准与工序基准重合

② **基准统一原则**　基准统一原则就是尽可能使具有相互位置精度要求的多个表面采用同一定位基准，以利于保证各表面间的相互位置精度。例如，加工阶梯轴类零件时，均采用两顶尖孔作为定位基准，以保证各段外圆表面的同轴度。例如，活塞的加工（图 3-17），通常是以止口作为统一的定位基准。这对于多品种生产和配件生产是很有利的。当改变产品时，只需更换夹具上的定位元件。配件生产中，因气缸磨损需用加大外圆直径的活塞以保证配合精度。但活塞外圆大小虽不同，止口尺寸可以不变，夹具上的定位元件不必更换。

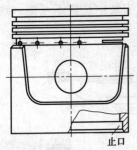

图 3-17　活塞上的止口

像活塞止口这类表面，是专为用作精加工定位基准而加工的，并非零件工作表面。这种情况还有很多，例如，轴类零件的中心孔、空心精密丝杠的两端闷头孔和箱体零件上专为定位加工出的定位孔，这类孔统称为工艺孔。

③ **互为基准原则**　当两表面间位置精度要求很高时，可以以两表面互为基准反复加工，这种方法称为互为基准，例如，车床主轴支承轴颈和锥孔的高同轴度要求就是互为基准的方法反复加工达到的。再如磨削精密齿轮时（图 3-18），以内孔定位加工齿面，齿面经高频淬火后，先以齿面为基准磨内孔，再以内孔为基准磨齿面。这样不但可以保证齿面对于内孔的相对位置精度，而且齿面磨削时余量小而均匀，保留了齿面上很薄的淬硬层。

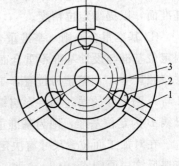

图 3-18　以齿形表面定位磨内孔
1—三爪卡盘；2—滚柱；3—工件

④ **自为基准原则**　在许多余量很小的切削加工中，常采用加工表面本身作为基准，这就是自为基准原则，如用浮动铰刀铰孔、用圆拉刀拉孔和无心外圆磨床磨削外圆等。在精磨机床导轨面时，加工余量一般不超过 0.5mm，也总是以导轨面本身为基准来找正（图 3-19）。常用的方法是装百分表来找正工件，或凭经验观察磨削火花来找正工件。

在实际工作中，精基准的选择要根据具体情况进行分析，选择最合理的方案。尽可能选择精度较高、安装稳定可靠的表面作精基准，而且所选的精基准应使夹具结构简单，安装和加工工件方便。

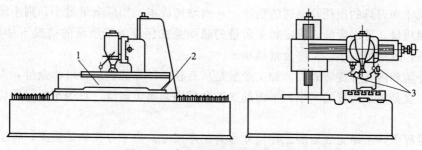

图 3-19 床身导轨面自为基准定位

1—工件；2—调整用楔体；3—找正用百分表

（3）辅助基准的应用　在加工过程中，如定位基准面过小，或者基准面和被加工面位置错开了一段距离，定位就不可靠，应采取辅助措施。采用辅助支撑是一种措施，但操作麻烦、定位精度低，大都用于粗基准。对于精基准表面，常采取辅助基准的方法。如图 3-20 所示为车床小刀架的形状及加工底面 A 时采用辅助基准定位的情况。加工底面用上表面定位，但上表面太小，工件成悬臂梁状态，受力后会有一定的变形。为此，在悬臂部分增加了一个工艺凸台 B，和原定位基准面 C 齐平。工艺凸台上用作定位的表面即是辅助基准面。

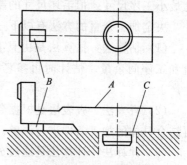

图 3-20 车床小刀架的工艺凸台

3.5.2　加工余量

要使毛坯变成合格零件，从毛坯表面所切除的金属层称为加工余量。加工余量分为总余量和工序余量。从毛坯到成品总共需要切除的余量称为总余量。在某工序中所要切除的余量称为该工序的工序余量。

在工件上留加工余量，是为了切除上一道工序所留下来的加工误差和表面缺陷（例如，铸件表面的硬质层、气孔、夹砂层、锻件及热处理表面的氧化皮、脱碳层、表面裂纹、切削加工后的内应力和表面粗糙度等），从而提高工件的精度和减小表明粗糙度。

总余量应等于各工序的余量之和。工序余量的大小按加工要求来确定。余量过大，既浪费材料，又增加切削工时；余量过小，会使工件的局部表面切削不到，不能修正前道工序的误差，从而影响加工质量，甚至造成废品。

3.5.2.1　工序余量及总余量

工序余量分为最小余量、公称余量及最大余量三种。

（1）最小余量　最小余量是保证该工序加工精度和表面质量所需切除金属层的最小厚度。外表面加工余量是上道工序最小工序尺寸和本道工序最大工序尺寸之差。

（2）公称余量　公称余量是指相邻两工序基本尺寸之差。

（3）最大余量　最大余量是指上道工序最大工序尺寸和本道工序最小工序尺寸之差。

内表面的加工余量，其概念与外表面相同。但要注意，平面的余量是单边的，圆柱面的余量是双边的。余量是垂直于被加工表面计算的。

3.5.2.2　加工余量的确定

在毛坯上所留的加工余量要合适，余量过大，不仅使材料的消耗增加，而且会降低生产率，增加机床和刀具的损耗及电能的消耗，从而增加成本；如果余量过小，则不能保证加工质量和表面质量，易出废品。确定加工余量的原则是在保证加工质量的前提下尽量取小值。一般情况下，越是精加工，工序余量越小。

对于外圆和内孔等旋转表面，加工余量是从直径上计算的，成为对称余量，实际所切除的金属层厚度是加工余量的一半。平面的加工余量则是单边余量，它等于实际所切除的金属层的厚度。

加工过程中，工序完成后的工件尺寸称为工序尺寸。由于存在加工误差，各工序加工后的尺寸也有一定的公差，称为工序公差。

工序公差确定后，工序公差带的布置都采用"单向、入体"的方法。对被包容面如轴、键宽等，工序的基本尺寸就是最大工序尺寸；对包容面如孔、键槽宽等，工序的基本尺寸就是最小工序尺寸。但毛坯尺寸的制造公差带常取双向布置。

决定加工余量的方法有以下三种。

(1) 估算法　估算法是由具有丰富经验的技术人员和工人，估计确定工件表面的总余量和工序间余量。估计时可参考类似工件表面的余量大小。这种方法适用于单件、小批生产。

(2) 查表法　查表法是根据各种工艺手册中的表格查出各工序的加工余量和毛坯余量，再结合具体的加工条件进行调整。这种方法应用最普遍，对一般的加工都能适用。

(3) 计算法　计算法是通过分析具体加工条件中影响加工余量的各种因素，建立计算公式，计算出加工余量的大小。这种方法复杂，工作量大，在大批大量生产和非常重要的零件加工时才用。

3.6　工艺规程的编制

通过工艺路线的拟定来确定工艺规程的总体布局，其主要任务是选择各个表面的加工方法和加工方案，确定各个表面的加工顺序、定位基准面、装夹方法以及整个工艺过程中工序数目的多少等，以协调各工种形成流水作业。

3.6.1　选择加工方法及方案

在分析研究零件图的基础上，根据工件结构形状、尺寸精度、形位精度、表面粗糙度、生产类型、零件材料及硬度，结合制造厂具体生产条件、加工方法及其组合加工后所能达到的经济精度和表面粗糙度，最后选择合适的加工方法和方案。

首先要保证达到零件表面的加工精度和表面粗糙度的要求。然后结合零件的结构形状、尺寸大小以及材料和热处理的要求进行选择。例如，公差要求 IT7 级，表面粗糙度值要求 $Ra0.8\mu m$ 的孔，采用精镗、精铰、拉削和磨削都可以达到要求。若零件形状比较简单，孔径较小的可以采取精铰；孔径较大的采取精镗；大量生产时可采用拉削；对于需经淬火的零件，热处理后只能磨削。箱体上的孔，一般选择铰孔或镗孔，不宜采用拉孔和磨孔。对于有色金属的零件，为避免磨削时堵塞砂轮，宜采用高速镗孔。

在保证加工质量的前提下，还须考虑生产率和经济性的要求。在大批量生产时，应尽量采用高效率的先进工艺方法，如拉削内孔与键槽、可同时加工几个表面的组合铣削或磨削等。但在批量不大的生产条件下，若采用这些加工方法和专用设备，则会因设备利用率不高而造成经济上的重大损失。各种加工方法（车、铣、刨、磨、钻、镗、铰等）所能达到的加工精度和表面粗糙度均有相当大的范围，但只有在一定的精度范围内才是经济的，这种一定范围内的加工精度即为该种加工方法的经济精度。

正确地选择加工方案，应充分了解生产中各种加工方法的特点及其加工精度，还要考虑到工厂的实际情况，如设备的精度和负荷状况、已有的工艺装备和工人的技术水平等。

零件上比较精确的表面，是通过粗加工、半精加工和精加工逐步提高的。对这些表面仅根据其要求达到的加工精度和表面粗糙度来选择相应的最终加工方法是不够的，还应正确地选择从毛坯到最后加工结束为止的加工方案。例如，表2-2中列出了常见的平面加工方案，制订工艺时可根据零件表面所要求的加工精度和表面粗糙度以及材料的性质参考选择。

3.6.2　工序顺序的安排

零件上的全部加工表面应安排用一个合理的加工顺序进行加工，这对保证零件质量、提高生产率、降低加工成本都至关重要。

3.6.2.1　工序顺序的安排

（1）加工阶段的划分　当安排各个工序的顺序时，常常把整个工艺过程划分成几个阶段来考虑，确定各阶段的主要加工内容。

① 粗加工阶段　主要任务是为各主要表面精加工提供一个合适的定位基准。根据所选定的粗基准，在前几道工序中把精基准加工出来。加工余量较大的表面的粗加工，都应在这一阶段完成。

② 半精加工阶段　为主要表面的精加工做好准备，保证合适的精加工余量，同时完成一些次要表面的加工。

③ 精加工阶段　主要是进行为保证表面能获得所要求的尺寸、形状及位置精度的一些终加工工序。

④ 光整加工阶段　对某些要求特别高的零件表面（IT6级以上精度，Ra值在$0.2\mu m$以下）还需进行光整加工。主要任务是改善主要加工表面的表面质量，适当提高尺寸精度。一般不用于形状精度和位置精度。

（2）切削加工工序的安排　根据加工阶段的划分，一般零件的大致加工顺序以下4个阶段。

① 精基准的加工　用作定位基准的表面首先安排加工，以便后续工序使用它作定位面。例如，箱体类零件的精基准面一般为底面，轴类零件的精基准面一般为中心孔，齿轮类零件的精基准面一般为内孔和一端面。这些精基准面都应安排在第一道工序加工，并对它们提出一定的精度要求。

② 主要表面的粗加工　这里的主要表面是指装配表面、工作表面等。由于主要表面的技术要求高，加工余量大，需要的切削力很大，产生的切削热多，工件的内应力和变形较大，易产生超差或废品，应先加工，可选择精度低、刚性好、动力大的机床。

③ 次要表面的加工　零件的次要表面一般是指键槽、紧固螺钉用的光孔、螺孔、润滑油孔等。因为次要表面的加工工作量较小，又常常与主要表面之间有位置精度要求，所以，应安排在主要表面的后续加工或穿插在主要表面加工工序之间。但必须安排在主要表面的最

后精加工之前，以免在加工次要表面时碰坏或划伤精加工过的表面。

④ 主要表面的精加工　精加工表面的工序安排在最后，可保护这些表面少受损伤或不受损伤，可以选用精度高的机床进行精加工。

(3) 热处理工序的安排　根据零件技术要求或切削加工的需要，在工件加工过程中要适当安排热处理工序，其安排的次序应视其作用而定。

① 正火、退火和调质　正火、退火和调质等改善材料力学性能和加工性能的预备热处理应安排在粗加工之前或在粗加工和半精加工之间进行。在粗加工前，可改善粗加工的加工性能，并可减少转换车间的次数；在粗加工与半精加工之间，可消除粗加工产生的内应力。由于调质后零件的综合力学性能较好，对某些硬度和耐磨性要求不高的零件，也可作为最终的热处理工序。

② 时效处理　时效处理主要用于消除毛坯制造和机械加工中产生的内应力。对于结构复杂的大型铸件或精度要求很高的非铸件，应在粗加工之前和之后，各安排一次时效处理。对于一般的铸件，只需在粗加工前或后进行一次时效处理。对于要求不高的其他零件，一般仅在毛坯制造后进行一次时效处理。

③ 淬火　淬火分整体淬火和表面淬火两种。淬火工序应安排在半精加工与精加工之间进行，因淬火后工件硬度很高，只能再进行磨削或研磨加工。在淬火工序之前需将铣键槽、车螺纹、钻螺纹底孔、攻螺纹等次要表面的加工进行完毕，防止零件淬硬后不能加工。表面淬火因变形、氧化和脱碳都较小，常用于机床主轴、齿轮等。为提高主轴等重要零件的内部性能和获得细马氏体的表层淬火组织，在表面淬火之前需先进行正火及调质处理。其加工路线为：下料→正火（退火）→粗加工→调质→半精加工→表面淬火→精加工。

④ 渗碳淬火　经渗碳淬火的工件，由于渗碳时产生变形，常将渗碳工序安排在次要表面加工之前进行，经加工次要表面后再淬火，这样可以减少次要表面与主要表面之间的位置误差，且可保证次要表面不被淬硬。其加工路线为：下料→锻造→正火→粗、半精加工→渗碳→半精加工→淬火→精加工。渗碳后淬火前所进行的半精加工，除加工次要表面外，还要将零件不需要渗碳的部位在渗碳前将加工余量的部分切除，使这些部位不受渗碳淬火的影响。

⑤ 氮化处理　氮化处理时因工件变形小，氮化层较薄，本身硬度很高，氮化后不需进行淬火，因此常安排在精加工之间进行，即在粗磨后精磨前进行。为减少氮化时的变形，氮化前要增加除应力工序。另外因氮化层较薄且脆，零件内部应具有较高的综合力学性能，故粗加工后应安排调质处理。氮化零件的加工路线为：下料→锻造→退火→粗加工→调质→半精加工→除应力处理→粗磨→氮化→精磨→超精磨或研磨。

(4) 检验工序的安排　为了控制零件加工质量，除了操作者的自检外，在工艺过程中还应安排独立的检验工序。检验工序安排的原则是：

① 因工艺或设备不稳定容易产生废品的工序之后，应安排中间检验；

② 精加工前，一般应对工序尺寸和余量等进行检验；

③ 对尺寸和位置精度有严格要求的大型关键零件，在加工前要进行某些检验；

④ 工件加工结束之后，都要按照零件图纸和技术要求，逐项进行全面的最后检验；

⑤ 某些特殊的检验项目如磁力探伤、动平衡、渗漏等，一般安排在精加工之后进行。

（5）辅助工序的安排 辅助工序包括清洗、去毛刺、涂防锈油漆、毛面处理等，这些工序是在主要工艺过程确定之后，适当地穿插在各个阶段或安排在工艺过程最后形成一个完整的工艺过程。

3.6.2.2 工序的集中与分散

同一个工件，同样的加工内容，可以安排两种不同形式的工艺规程：一种是工序集中，另一种是工序分散。所谓工序集中，是使每个工序中包括尽可能多的工步内容，因而使总的工序数目减少，夹具的数目和工件的安装次数也相应减少。所谓工序分散，是将工序路线中的工步内容分散在更多的工序中去完成，因而每道工序的工步少，工艺路线长。

（1）工序集中的特点

① 有利于采用高生产率的专用设备和工艺装备，从而大大提高生产率；

② 减少了工序数目，缩短了工艺路线，从而简化了生产计划和生产组织工作；

③ 减少了设备数量，相应地减少了操作工人和生产面积；

④ 减少了工件安装次数，不仅缩短了辅助时间，而且由于在一次安装下加工较多的表面，也易于保证这些表面的相对位置精度；

⑤ 专用设备和工艺装置较复杂，生产准备工作和投资都比较大，转换新产品比较困难。

（2）工序分散的特点

① 设备与工艺装备比较简单，调整方便，对工人的技术要求低；

② 可以采用最合适的切削用量，减少机动时间；

③ 容易适应生产产品的变换；

④ 设备数量多，操作工人多，生产面积大。

由于工序集中和工序分散各有特点，所以生产上都有应用。传统的流水线、自动线生产多采用工序分散的组织形式，可以实现高生产率，但适应性较差，转产困难。采用高效自动化机床，以工序集中的形式组织生产（如采用加工中心机床组织生产），除了具有上述工序集中的优点以外，生产适应性强，转产相对容易，因而虽然设备价格昂贵，仍然受到越来越多的重视。

3.6.3 工艺文件的编制

工艺路线拟定好之后，要按照规定的格式编写成工艺文件。工艺文件是安排生产、指导加工的法定性文件，操作者和工艺技术人员必须严格遵守。由于生产的多样性，所用的工艺文件的名称也不同，常见的工艺规程有工艺过程卡片、工艺卡片和工序卡片三种。

（1）工艺过程卡片 工艺过程卡片是针对一个零件的全部加工过程编写的，它说明零件的加工路线，经过的车间、工段，列出工序名称、使用设备及主要的工艺装备等，格式如表3-5所示。主要用于单件、小批量生产。

（2）工艺卡片 工艺卡片是针对整个零件全部加工过程编写的，它比工艺过程卡片详细。工艺卡片既要说明工艺路线，又要说明各工序的主要内容，因此，工艺过程更加确定。成批生产中大多采用工艺卡片。

（3）工序卡片 工序卡片是按零件的每一道工序编制的，它说明该工序内的详细操作要求。工序卡片附有工序简图、注明基准、安装方法及注意事项等，以表示本工序完成后工件的形状、尺寸及技术要求。其格式如表3-6所示。主要用于大批量生产。

表 3-5 机械加工工艺过程卡

机械加工工艺过程卡片		产品型号		零部件图号					
		产品名称		零部件名称				共（ ）页 第（ ）页	

材料编号	毛坯种类	毛坯外形尺寸	每个毛坯可制件数	每台件数	备注

工序号	工序名称	工序内容	车间	工段	设备	工艺装备	工时	
							准终	单件
描图								
描校								
底图号								
装订号				设计日期	审核日期	标准化日期	会签日期	
	标记	处数	更改文件号	签字	日期	标记	处数	更改文件号	签字	日期				

表 3-6 机械加工工序卡片

机械加工工序卡片		产品型号		零部件图号				
		产品型号		零部件图号			共（ ）页	第（ ）页
		车间	工序号		工序名称		材料牌号	
		毛坯种类	毛坯外形尺寸		每个毛坯可制件数		每台件数	
		设备名称	设备型号		设备编号		同时加工件数	
		夹具编号		夹具名称			切削液	
		工位器具编号		工位器具名称			工序工量	
							准终	单件
工步号	工步内容	工艺装备	主轴转速	切削速度	进给量	背吃刀量	进给次数	工步工时	
			r/min	m/min	mm/r	mm		机动	辅助
描图									
描校									
底图号						设计日期	审核日期	标准化日期	会签
装订号	标记	处数	更改文件号	签字	日期	标记	处数	更改文件号	签字	日期

习题与思考题

1. 什么是生产过程、工艺过程和工艺规程?

2. 什么是工序、安装、工步、行程和工位?

3. 常用的生产类型有几种? 它们各有哪些主要工艺特征?

4. 毛坯选择时, 应考虑哪些因素?

5. 粗、精基准选择原则有哪些?

6. 试述机械加工过程中应如何安排热处理工序。

7. 工件加工质量要求较高时, 应划分哪几个加工阶段?

8. 什么是加工余量和加工总余量? 影响加工余量的因素有哪些?

9. 什么是六点定位原理?

10. 什么是工序集中、工序分散? 影响工序集中和工序分散的主要因素是什么?

第4章 特种加工与先进加工制造技术

在现代制造领域中，新型材料不断涌现和采用，机械零件的复杂程度以及加工精度的要求越来越高，对加工工艺技术提出了更高的要求。采用传统的机械加工方法已经很难完成对具有高强度、高韧性、高硬度、高脆性等的新材料，以及精密复杂、微细结构或难以处理的形状的工件的加工，为了解决这些问题，各种特种加工方法应运而生。与此同时，传统的机械加工方法也在与先进的电子技术和信息技术等高科技的结合中焕发出日新月异的变化，先后出现了数控机床、柔性制造单元、柔性制造系统、计算机集成制造、精益生产、敏捷制造和并行工程等先进的制造技术与系统，推动了机械加工和制造技术向优质、高效、低耗、柔性、清洁的方向发展。

4.1 特种加工

特种加工是相对于传统的加工方法而言的，它是直接利用电能、电化学能、化学能、光能、声能、热能、磁能等对工件进行加工的工艺方法。广义上讲，特种加工是指将电、磁、声、光、化学等能量或其组合施加在工件的被加工部位上，从而实现材料的去除、变形、改性或镀覆等的加工方法的总称。本章所介绍的特种加工方法只涉及材料的去除。

与传统的切削加工相比，特种加工的特点如下。

① 加工范围不受材料的物理或力学性能的限制，能加工任何硬的、软的、脆的、耐热或高熔点的金属以及非金属材料。加工所用工具材料的硬度可以大大低于被加工材料的硬度，有时甚至无需使用工具即可完成对工件的加工，实现了"以柔克刚"。

② 加工过程中工具与工件之间基本不接触，不存在显著的机械切削力的作用，热应力、残余应力、加工硬化区等也比较小，易于获得优良的表面质量。

③ 可以加工复杂型面、微细表面以及低刚度零件。

④ 不同的特种加工方法之间易于复合，从而形成新的工艺方法。

特种加工主要应用范围有：①加工各种难切削材料，如硬质合金、不锈钢、淬硬钢、耐热钢、钛合金、金刚石、陶瓷等各种高硬度、高强度、高韧性、高脆性的金属及非金属材料；②加工各种特殊复杂表面，如喷气蜗轮机叶片、整体蜗轮、模具的型孔或型腔，炮管内膛线等；③加工各种超精或具有特殊要求的零件，如航天航空陀螺仪、伺服阀，以及细长轴、薄壁零件、弹性元件等低刚度零件。

特种加工的应用不仅扩大了去除加工可适用的材料的范围，使材料的可加工性不再受其硬度、强度、韧性等的制约，而且还带来了加工工艺设计上的一系列变革。例如，它改变了传统的工艺路线中淬火热处理工序必须安排在除磨削以外的其他切削加工之后的设计惯例，由于特种加工不受工件硬度的限制，所以有时为了避免成型加工后淬火热处理引起的应力和变形，可以对零件先淬火而后再进行成型加工。

4.1.1 电火花加工

电火花加工是利用两电极（工具电极和工件）间的脉冲放电时产生的电蚀作用去除材料的加工方法，又称放电加工或电蚀加工。

4.1.1.1 电火花加工原理

电火花加工的原理如图 4-1 所示。加工时，浸在工作液（绝缘介质）中的工具电极和工件分别接脉冲电源的两极，通过自动进给系统控制工具电极向着工件进给，当两极间的间隙减小到一定距离时，两电极间的脉冲电压将工作液介质击穿，产生火花放电。在放电的微细通道中瞬时集中了大量的热能，形成的瞬时高温使工件表面放电点周围微小区域的材料迅速熔化、气化，并产生爆破力，将熔化的金属屑抛离工件表面，进入到工作液中被流动的液体介质带走，而在工件表面留下一个微小的凹坑。脉冲放电结束，两电极间工作液恢复绝缘状态。当下一个脉冲到来时，就会在两极最接近的另一点处击穿放电，又电蚀出一个小蚀坑。如此不断重复上述过程，虽然每个脉冲放电蚀除的金属量很少，但经过成千上万次的脉冲放电作用，就能蚀除较多的金属。随着工具电极不断地向工件进给，最终将使其形状复制在工件上。因此，只要改变工具电极的形状和工具电极与工件之间的相对运动方式，就能加工出各种相应的型面。

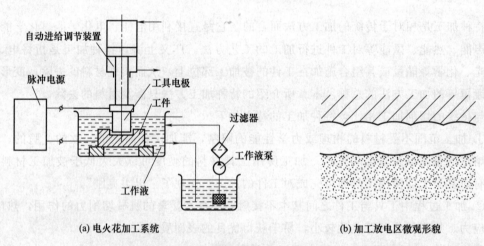

(a) 电火花加工系统　　　　　　　　　　(b) 加工放电区微观形貌

图 4-1　电火花加工原理图

4.1.1.2 电火花加工工艺要点

（1）放电间隙　放电间隙是指电火花放电时工具电极和工件间的距离。如果间隙过大，极间电压不能击穿极间介质，无法产生火花放电；如果间隙过小，则容易形成短路，也无法产生火花放电。一般放电间隙在 0.01～0.5mm 范围内，粗加工时，间隙较大；精加工时，则较小。为此，需通过电火花加工设备上的自动进给调节装置加以控制。

（2）脉冲电源　电火花加工必须采用脉冲电源，以形成瞬时的脉冲放电。脉冲宽度（即脉冲的持续时间）一般为 $10^{-7}\sim10^{-3}$ s。每次脉冲放电结束后需停歇一段时间（即脉冲间隔），这样才能使每次放电产生的热量集中在微小的区域，而不至于扩散到附近的材料中去；否则就会像持续电弧放电那样，使工件表面烧伤。

（3）工作液　火花放电必须在具有一定绝缘强度的液体介质，即工作液（如煤油、机油、皂化液、去离子水等）中进行。工作液的作用是便于产生脉冲式的火花放电，而且有利于排出放电过程中产生的电蚀产物，以及冷却电极和工件表面。因此，电火花加工工作液应具有以下主要性能：低黏度，流动性好；沸点高，热容大，冷却能量强；绝缘性好，绝缘强度恢复快；对加工件不污染、不腐蚀等。

（4）工件的极性　电火花加工时，作为正、负两极的工具电极和工件，都将程度不同地受到电热蚀除，这一现象称为"极性效应"。这是由于在电火花放电过程中，正、负两极表面分别受到负电子和正离子的轰击，但因轰击的能量不同，因而各自表面熔化、气化和抛出的金属量也就有所不同。一般来说，在短脉冲加工时，因为负电子质量小、加速快，在短时间内可获得较高的能量并到达正极；而正离子因质量和惯性大、加速慢，以至于脉冲结束时大部分正离子尚未到达负极，所以此时负电子对正极的轰击作用大于正离子对负极的轰击。而在长脉冲（放电持续时间较长）加工时，质量和惯性大的正离子有足够的时间加速，能以比负电子大得多的能量轰击负极表面。因此，在精加工时，应采用窄脉冲正极性（工件接正极）；在粗加工时，应采用长脉冲负极性（工件接负极），这样可以得到较高的蚀除速度和较低的电极损耗。

（5）工具电极　在电火花加工过程中，工具电极存在损耗，一般采用相对损耗率（单位时间内工具电极的损耗量与工件的蚀除量之比）来作为衡量工具电极耐损耗的指标。工具电极的损耗率与极性和工具电极材料有关，根据加工要求确定了极性之后，正确选择工具电极材料是至关重要的。常用的工具电极材料有铜、石墨、钼、钨、铜钨合金和银钨合金等。铜（黄铜或紫铜）的熔点虽然较低，但导热性好，且切削加工性好，易于制作各种精密和复杂的电极，常用来制造中、小型腔用的工具电极。石墨不仅加工性能和导热性能量优良，而且在长脉冲加工时能吸附游离态的碳来补偿电极的损耗，故广泛用于制作各种加工型腔用的电极。钼熔点高，导热性好，电极损耗小，但不易加工且价格较贵，多用于在高速电火花线切割中制造线电极。

4.1.1.3　电火花加工的特点与应用

电火花加工的特点：①可加工任何难切削的硬、脆、韧、软以及高熔点的导电材料，如不锈钢、钛合金、工业纯铁、淬火钢、硬质合金、导电陶瓷、立方氮化硼、人造金刚石等；②加工时没有明显的机械力，工件变形小，适用于低刚度工件和细微结构的加工；③脉冲参数可根据需要进行调节，故可在同一台机床上进行粗加工、半精加工和精加工；④在一般情况下生产效率低于切削加工；⑤放电过程中工具电极的损耗会影响成形精度。

按照工具电极的形式及其与工件之间相对运动的特征，可将电火花加工方式分为电火花成形加工，电火花线切割加工，电火花磨削，电火花共轭回转加工等几类，其中应用最广的是电火花成形加工和电火花线切割加工。

（1）电火花成形加工　通过工具电极相对于工件做进给运动，将工具电极的形状和尺寸复制在工件上，从而加工出所需要的零件。主要应用于型腔加工（如各类热锻模、压铸膜、挤压模、塑料模、胶木模型腔等）和型孔加工（如圆孔、方孔、多边形孔、异型孔、弯孔、螺旋孔、小孔、微孔等，如图4-2所示）等。

（2）电火花线切割加工　电火花线切割是利用连续移动的金属丝作为工具电极，按预定的轨迹进行脉冲放电切割零件的加工方法，其原理如图4-3所示。加工前须在工件上预先钻好小孔，将电极丝（钼丝或铜丝）穿过小孔，在工具电极和工件上接通脉冲电源，机床工作台带动工件在水平面两个坐标方向做进给运动，通过电火花放电将工件切割成二维截面相同的所需形状。加工过程中电极丝经导轮由旋转的储丝筒带动往复交替运动走丝，故工具电极

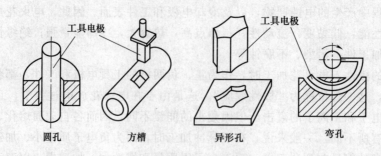

图 4-2 电火花加工型孔

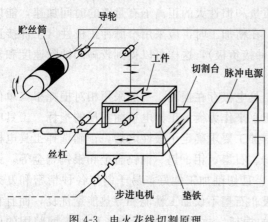

图 4-3 电火花线切割原理

损耗很小，且加工精度高（精度可达 0.01mm，表面粗糙度可达 $Ra1.6$），生产效率高。

与电火花成形加工相比，线切割加工不需要制作成形电极，一般采用数控加工，自动化程度高，加工周期短，成本较低。其局限性是不能加工盲孔。

电火花线切割加工广泛用于加工各种形状的冲裁模、拉拔模和粉末冶金模等，也可用于加工电机硅钢片铁芯、样板、成型刀具等形状复杂的平面零件，或用于下料、截割和窄缝加工等。

4.1.2 电解加工

电解加工是电化学加工中的一种重要方法，它是以电化学阳极溶解的方式来去除工件上多余的材料而实现对其成形加工的。

4.1.2.1 电解加工原理

电解加工原理如图 4-4 所示。电解加工时，工件接电源正极，按所需形状要求制成的工具接负极，两极之间保持狭小的间隙，由电解液泵驱动的电解液在间隙中高速通过。在工件与工具之间施加一定电压，工件上相应部分的金属产生阳极溶解，工具电极不断向工件进给，工具的形状就相应地"复制"在工件上，从而达到加工的目的。

加工开始时，工件的形状与工具电极的形状不同［如图 4-5（a）所示］，工件表面上的各点至工具表面的距离不等，因而各点的电流密度不一样。工具电极凸出的地方两极距离较近，通过的电流密度较大，电解液的流速也较高，阳极溶解的速度也就较快；而两极距离较远的地方，电流密度就小，阳极溶解就慢。随着工具不断进给，工件表面就按工具端部的型面以不同的速度发生溶解，电解产物不断被电解液带走，直至工件表面形成与工具型面相似的形状为止，如图 4-5（b）、（c）所示。

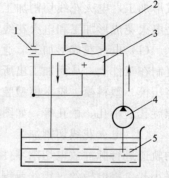

图 4-4 电解加工系统示意图
1—直流电源；2—工具电极；3—工件；4—电解液泵；5—电解液

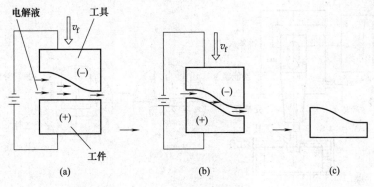

图 4-5 电解加工过程

4.1.2.2 电解加工工艺要点

（1）电极间隙　电极间隙愈小，电解液的电阻也愈小，电流密度则愈大，蚀除速度愈快；但间隙过小会引起火花放电，电解产物排出不畅，甚至导致局部短路，反而将使生产率下降。一般来说，电极间隙保持在 0.1~1mm。

（2）直流电源　电解加工多采用低电压、大电流直流稳压电源，工作电压为 6~24V，工作电流 500~2000A。

（3）电解液　电解液可分为中性盐溶液、酸性溶液、碱性溶液三大类。中性盐溶液的腐蚀性小，使用时较安全，故应用最为普遍，最常用的有 $NaCl$、$NaNO_3$ 和 $NaClO_3$ 三种电解液。电解液在两极间的流速 5~60m/s，压力 0.5~2.5MPa。

（4）工具电极　工具电极材料常采用黄铜和不锈钢等。

4.1.2.3 电解加工的特点与应用

电解加工的特点：①可加工各种导电材料，如淬火钢、钛合金、高温合金等高硬度、高强度和高韧性的难切削金属材料；②加工过程中不存在机械力，工件无飞边毛刺，无表面硬化层和残余应力；③能以简单的进给运动一次加工出形状复杂的型面和型腔，生产效率较高；④工具电极基本不损耗，可长期使用；⑤电解液对设备、工装有腐蚀作用，电解产物的处理和回收较困难。

电解加工主要应用于加工各种复杂的型面、型腔、小孔、深孔、枪炮管的膛线、汽轮机叶片、整体式叶轮以及刚度差的薄壁零件等，还可用于去毛刺、刻字等。

4.1.3 超声波加工

超声波加工是利用工具发出的超声振动，带动工件和工具间的磨料悬浮液，冲击和抛磨工件的被加工部位，使其局部材料被蚀除的特种加工方法。

4.1.3.1 超声波加工原理

超声波是频率超过人耳可接受的 16~16000Hz 范围之上的一种机械波。超声波加工的原理如图 4-6 所示。在工件和工具间加入磨料悬浮液，超声波发生器将工频交流电能转变为有一定功率输出的超声频电振荡，换能器将超声频电振荡转变为超声机械振动，通过振幅扩大棒（变幅杆）使固定在变幅杆端部的工具振动产生超声波振动，使悬浮液中的磨粒不断地撞击加工表面，把硬而脆的被加工材料局部破坏而撞击下来。在工件表面瞬间正负交替的正压冲击波和负压空化作用下强化了加工过程。因此，超声波加工实质上是磨料的机械冲击与

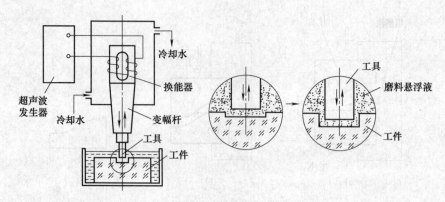

图 4-6 超声波加工的原理

超声波冲击及空化作用的综合结果。

4.1.3.2 超声波加工工艺要点

（1）工具振幅和频率　在实际加工中需根据不同工具，将超声波频率调至共振频率，以获得最大振幅，以达到较高的加工速度。但过高的频率和过大的振幅会使工具和变幅杆承受很大的内应力，通常，振幅一般控制在 0.01~0.1mm 之间，频率在 16000~25000Hz 之间。

（2）进给压力　超声波加工时工具对工件应有一个适当的进给压力。当压力减小时，工具端面与工件加工表面间的间隙增大，从而减少了磨料对工件的锤击力；当压力增大时，间隙减少，但若间隙减少到一定程度，则会降低磨料与工作液的循环更新速度，从而降低生产率。

（3）磨料悬浮液　针对不同硬度的工件材料，可选择不同的磨料。磨料硬度愈高，粒度愈粗，加工速度一般就愈快，但还应考虑其价格成本。加工宝石、钻石等超硬材料，必须选用金刚石作为磨料；加工淬火钢、硬质合金，可选用碳化硼磨料；加工玻璃、石英和硅、锗等半导体材料，可选用氧化铝磨料。增加磨料悬浮液的浓度，也将增加加工速度，但浓度太高，磨粒在加工区域内的循环运动和对工件的撞击运动受到不利影响，又会导致加工速度降低。

4.1.3.3 超声波加工的特点与应用

超声波零件加工的特点：①超声波加工方法适用于任何材料，可加工淬硬钢、不锈钢、钛合金等传统切削难以加工的金属、非金属材料；特别是不受材料是否导电的限制，可以加工那些不导电的非金属材料，如玻璃、陶瓷、石英、硅、玛瑙、宝石、金刚石及各种半导体等，尤其适用于脆性材料，如硬质合金、陶瓷、氮化硼、天然和人造金刚石等的穿孔和研磨。②超声波加工是利用磨粒切削加工零件材料，工具对工件的宏观作用力小，因而可加工薄壁、窄缝和薄片工件。③由于工件材料的破碎去除主要靠磨料的作用，磨料的硬度应比被加工材料的硬度高，而工具的硬度可以低于工件材料。④加工过程是一个机械振动能转化为热能的过程，只在界面的局部发热并熔化，不会产生大量的热量，所以加工精度高，加工表面无残余应力，无组织改变及烧伤现象。⑤可以加工各种异型零件，只要将工具做成一定形状，即可加工六角形、正方形等非圆孔型。可以与其他多种加工方法结合应用，如超声振动切削、超声电火花加工和超声电解加工等。⑥加工速度快，设备结构简单，操作方便，容易保证加工精度。

超声加工主要用于各种硬脆材料，如玻璃、石英、陶瓷、硅、锗、铁氧体、宝石和玉器等的打孔（包括圆孔、异形孔和弯曲孔等）、切割、开槽、套料、雕刻、成批小型零件去毛刺、模具表面抛光和砂轮修整等方面。

超声打孔的孔径范围为 0.1～90mm，加工深度可达 100mm 以上，孔的精度可达 0.02～0.05mm。表面粗糙度在采用 W40 碳化硼磨料加工玻璃时可达 1.25～0.63μm，加工硬质合金时可达 0.63～0.32μm。

4.1.4　激光加工

激光加工是利用光的能量经过透镜聚焦后在焦点上达到很高的能量密度，靠光热效应来加工的。用激光束可对材料进行各种加工，如激光焊接、激光热处理等，激光加工在去除成形方面的主要应用是打孔、切割等。

4.1.4.1　激光加工原理

激光加工是利用聚焦的激光束作为能源轰击工件所产生的热量进行加工的。激光具有亮度高、方向性好和单色性好的特点。激光加工时，由激光器产生激光束，通过光学系统聚焦使其能量进一步集中，激光被聚焦后在焦点上的能量密度可高达 10^6～10^{12} W/cm^2。光能被加工表面吸收，并转换成热能，温度可达万度以上，使照射斑点的局部区域的材料在千分之一秒，甚至在更短的时间内，迅速被融化以至气化，并形成小凹坑。同时，由于热扩散使斑点周围的金属熔化，随着激光能量的继续被吸收，凹坑中金属蒸气迅速膨胀，压力突然增大，致使熔融物高速喷射出来，喷射所产生的反冲压力又在工件内部形成一个方向性很强的冲击波。这样就在高温熔融和冲击波的同时作用下，达到材料蚀除的目的。

4.1.4.2　激光加工的特点与应用

激光加工有以下特点：①聚焦后的光斑直径可小到 0.01mm，功率密度可达 10^5～10^9 W/cm^2，加热集中，热变形和热影响区小，加工后的工件应力和变形极小，特别适宜于精密模具和微小零件的加工。②激光加工不受工件材料性能和加工形状的限制，能加工所有的金属材料和非金属材料的各种微孔、深孔、窄缝等。③激光束不受电磁场的影响，无磁偏吹现象，适宜于加工磁性材料。④能透射、反射，还可以用光纤传输，方向性好，空间远距离传播时衰减很小，可以对一般方法难以到达的部位进行加工。⑤激光加工速度快、工件无变形，热影响区小。⑥激光可以穿过透明材料对工件加工，适用于特殊环境下的生产。⑦不存在加工工具损耗，易于实现自动化。

激光切割适用于由耐热合金、钛合金、复合材料制成的零件。目前薄材切割速度可达 15m/min，切缝很窄，一般在 0.1～1mm 之间，热影响区只有切缝宽的 10%～20%，最大切割厚度可达 45mm，已广泛应用于飞机三维蒙皮、框架、舰船船身板架、直升机旋翼、发动机燃烧室等的制作。激光打孔的最小孔径已达 0.002mm。已成功地应用自动化六坐标激光制孔专用设备加工航空发动机涡轮叶片、燃烧室气膜孔，取得了无再铸层、无微裂纹的效果。

4.1.5　水射流加工

水射流加工是利用具有很高动能的高压高速水流对材料进行切割加工的，它与激光加工、离子束加工、电子束加工一样是属于高能束加工的范畴。

4.1.5.1　水射流加工原理

高压水射流系统主要由增压系统、供水系统、增压恒压系统、喷嘴管路系统、数控工作台系统、集水系统及水循环处理系统等构成。水射流加工的基本原理是：利用液体增压原理，通过特定的装置（增压口或高压泵）将水（或加有添加剂的水）加压，将动力源（电动机）的机械能转换成压力能，具有巨大压力能的水在通过孔径 0.1～0.5mm 的小孔喷嘴后，再将压力能转变成动能，从而形成高速射流（水束直径 0.1～0.3mm，流速 500～900m/s），可对各种材料进行切割、穿孔和表层材料去除等加工。

高速水射流本身具有较高的刚性，在与被切割材料碰撞时，产生极高的冲击动压并形成涡流，从微观上看，相对于射流平均速度存在超高速区和低速区（有时可能为负值），水流流束形体虽为圆柱状，但内部实际上存在高刚性和低刚性的部分，刚性高的部分产生的冲击动压增大了冲击强度，从宏观上看起快速楔劈作用，而低刚度部分相对于高刚度部分形成了柔性空间，起到了吸屑、排屑的作用，这两者的结合正好使其在切割材料时犹如一把轴向"锯刀"加工。高压水射流切割材料的过程是一个动态断裂过程，对脆性材料（如岩石）等主要是以裂纹破坏及扩散为主；而对塑性材料则符合最大拉应力瞬时断裂准则，即一旦材料中某点的法向拉应力达到或超过某一临界值时，该点即发生断裂。

4.1.5.2　水射流加工的特点与应用

水射流加工有以下特点：①切割缝细窄，切割面齐整平滑，无毛刺和飞边；②切割时产生的热量大部分被水带走，故加工质量好，没有加工变形层；③加工过程噪声小，清洁、无污染；④工作介质（水）价格便宜且可反复使用，设备维护简单，加工成本较低。

高压水射流切割是一种冷态切割新工艺，属于绿色加工范畴，有着十分广阔的应用前景，对其他切割工艺是一种很好的补充。其用途和优势主要体现在对难加工材料的切割方面，如陶瓷、硬质合金、高速钢、模具钢、淬火钢、白口铸铁、耐热合金、钛合金、复合材料等。高压水射流除切割外，稍降低压力或增大靶距和流量还可以用于清洗、破碎、表面毛化和强化处理。目前已在以下行业获得成功应用：车辆制造与修理、航空航天、机械加工、电子电力、石油、采矿、建筑建材、化工、船舶、市政工程等方面。

4.2　微细加工

微细加工是指加工用于微型机械上的微小尺寸零件的生产加工技术。一般按其尺寸特征可把微型机械分为三类：微小机械（1～10mm），微型机械（1μm～1mm）和纳米机械（1nm～1μm）。微型机械可以完成大型机电系统所不能完成的任务，微型机械与电子技术紧密结合，将使种类繁多的微型器件问世，这些微器件采用大批量集成制造，价格低廉，将广泛地应用于人类生产和生活的众多领域。可以预见，微型机械今后将会逐步从实验室走向实用化，对工农业生产、信息工程、环境保护、生物医疗、空间技术、国防技术等领域的发展产生重大影响。

实际上，目前把尺寸在微米至厘米级的零件的加工都归属于微细加工的范围。微细加工技术是从两个领域延伸发展起来的：一是在传统的机械加工和电加工技术基础上使其进一步小型化，二是在半导体光刻加工和化学加工的基础上提高其去除材料的能力。因此，从广义上讲，微细加工包括传统精密加工方法以及一些与传统精密加工方法完全不同的特殊方法，如精密切削技术、磨料加工技术、电火花加工、电解加工、化学加工、超声波加工、微波加工、等离子体加工、外延生产、激光加工、电子束加工、离子束加工、光刻加工、电铸加工等；而从狭义的角度来讲，微细加工主要是指半导体集成电路器件制造技术。

4.2.1 微细加工方法

目前所应用的微细加工方法主要有以下几方面：

① 采用微型化的定形整体刀具或非定形磨料工具进行切削加工，如车削、铣削、钻削、磨削等；

② 采用微细特种加工或在其基础上的复合加工；

③ 采用光化掩膜加工，如光刻法、LIGA 法等；

④ 采用沉积增生法，如磁膜镀覆、多层薄膜镀覆和液滴沉积等。

4.2.2 微细特种加工

(1) 微细电加工 微细电加工包括微细电火花加工、微细电解加工等。它们的工作原理与普通电加工相同，实现微细电加工的关键在于微细电极的制作、微小能量放电电源、工具电极的微量伺服进给、蚀除部位的精密控制、加工状态检测等。

应用微细电火花加工技术，目前已可加工出直径 $2.5\mu m$ 的微细轴和 $5\mu m$ 的微细孔，可制作出长 0.5mm、宽 0.2mm、深 0.2mm 的微型汽车模具和模型，可制作出直径为 0.3mm、模数为 0.1mm 的微型齿轮。在微细电解加工中使用高精度高频窄脉宽电源已能获得 $<50\mu m$ 的成形精度，$Ra<0.6\mu m$ 的表面粗糙度，如图 4-7 所示。

图 4-7 用微细电解方法在材料表面加工的字槽

(2) 微细超声波加工 微细超声波加工对于在脆硬材料上加工微结构表现出独特的优越性。目前有两种微细超声波加工方式被用于加工微结构和微型零件：成形加工和分层扫描加工。通过采用多种工艺创新，如工具旋转、在线工具制备和工件振动，目前已在石英玻璃和硅材料上加工出了直径小到 $5\mu m$ 的微细孔。用轨迹控制分层扫描方式还加工出了螺旋槽这样的复杂结构。

(3) 电子束加工与离子束加工 电子束加工的基本原理是：在真空中从灼热的灯丝阴极发射出的电子，在高电压（30～200 千伏）作用下被加速到很高的速度，通过电磁透镜会聚成一束高功率密度（$10^5\sim10^9\,W/cm^2$）的电子束。当其到达工件时，电子束的动能立即转变成为热能，产生出极高的温度，足以使任何材料瞬时熔化、气化，适当控制电子束轰击时间和休止时间的比例，可使被轰击处的材料迅速蒸发而避免周围材料的熔化，这样就可以实现电子束刻蚀、钻孔或切割等。由于电子束和气体分子碰撞时会产生能量损失和散射，因此，电子束加工大多在真空中进行。电子束加工多用于薄材料的穿孔和切割，穿孔直径一般为 0.03～1.0mm，最小孔径可达 $2\mu m$；切割 0.2mm 厚的硅片，切缝仅为 $40\mu m$。

利用较低能量密度的电子束轰击高分子材料时产生化学变化的原理，可进行电子光刻加工。如将聚焦到小于 $1\mu m$ 的电子束斑在大约 0.5～5mm 的范围内扫描，可曝光出任意图形，甚至可以在几毫米见方的硅片上加工出十万个晶体管或类似的元件。

离子束加工与电子束加工的原理基本相同，它是在真空条件下，先由电子枪产生电子束，再引入已抽成真空且充满惰性气体的电离室中，使低压惰性气体离子化，由负极引出阳离子又经加速、集束等步骤，获得具有一定速度的离子投射到材料表面。所不同的只是由于离子带正电荷，其质量比电子质量大数千、数万倍，经过聚焦加速后，靠离子打击加工件的动能，或将工件的原子撞击出来（撞击效应），或将靶材的原子撞出后飞溅沉积到工件表面上（溅射效应），或直接将离子束中的离子打入工件表层之内（注入效应）。离子束流密度与离子能量可精确控制，以实现对材料的"毫微米级"或"原子级"加工。

4.2.3 光化掩膜加工

（1）光刻加工　光刻加工是用照相复印的方法将光刻掩膜上的图形印刷在涂有光致抗蚀剂的薄膜或基材表面，然后进行选择性腐蚀，刻蚀出规定的图形。所用的基材有各种金属、半导体和介质材料，其加工流程包含多个步骤。首先要在基材上涂上一层耐腐蚀的光致抗蚀剂，随后让强光通过一块刻有电路图案的镂空掩模板照射在基材上。被照射到的部分的光蚀剂会发生变质，而未被照射到地方的抗蚀剂仍旧保持原状。接下来就是用腐蚀性液体清洗器件，变质的光蚀剂被除去，露出下面的基材，而在未变质的抗蚀剂保护下的基材不会受到影响。随后就是粒子沉积、掩膜、刻线等操作，从而在基材表面或介质层上获得与抗蚀剂薄层图形完全一致的构造。如果要加工出具有立体重叠的结构，光刻就要多次反复进行。

光致抗蚀剂简称光刻胶或抗蚀剂，是光照后能改变抗蚀能力的高分子化合物。光蚀剂分为两大类。①正性光致抗蚀剂：受光照部分发生降解反应而能为显影液所溶解。留下的非曝光部分的图形与掩模版一致。正性抗蚀剂具有分辨率高、对驻波效应不敏感、曝光容限大、针孔密度低和无毒性等优点，适合于高集成度器件的生产。②负性光致抗蚀剂：受光照部分产生交链反应而成为不溶物，非曝光部分被显影液溶解，获得的图形与掩模版图形互补。负性抗蚀剂的附着力强、灵敏度高、显影条件要求不严，适于低集成度的器件的生产。

要获得纳米级的加工精度，仍有赖于精密的加工设备和精确的控制系统，并采用超精密掩膜作中介物。例如，超大规模集成电路的制版就是采用电子束对掩膜上的光致抗蚀剂进行曝射，使光致抗蚀剂的原子在电子撞击下直接聚合（或分解），再用显影剂把聚合过的或未聚合过的部分溶解掉，制成掩膜。电子束曝射制版需要采用工作台定位精度高达 $\pm 0.01 \mu m$ 的超精密加工设备。

（2）LIGA 工艺　LIGA 是德文中光刻、电铸和注塑（Lithographie, Galvanoformung 和 Abformung）三个词的缩写。LIGA 工艺是一种基于 X 射线光刻技术的微细加工技术，其主要工艺过程由 X 光光刻掩膜板的制作、X 光深光刻、光刻胶显影、电铸成模、光刻胶剥离、塑模制作及塑模脱模成型等组成。这种技术使用波长为 0.2～1nm 的 X 光，可刻蚀至数百微米深度，刻线宽度十分之几微米，适于用多种金属、非金属材料制造微型机械构件。由于 X 光有非常高的平行度、极强的辐射强度、连续的光谱，使 LIGA 技术能够制造出高宽比达到 500、厚度大于 $1500 \mu m$、结构侧壁光滑且平行度偏差在亚微米范围内的三维立体结构。这是其他微制造技术所无法实现的。LIGA 技术被视为微纳米制造技术中最有生命力、最有前途的加工技术。

与其他微细加工方法相比，LIGA 技术具有如下特点：①可制造较大高宽比的结构；②适用于各种材料，可以是金属、陶瓷、聚合物、玻璃等；③可制作任意截面形状图形结构，加工精度高；④可重复复制，符合工业上大批量生产要求，制造成本相对较低等。

LIGA 技术从诞生至今，短短十多年来发展迅速，目前已研制成功或正在研制的 LIGA 产品有微传感器、微电机、微执行器、微机械零件和微光学元件、微型医疗器械和装置、微流体元件、纳米尺度元件及系统等。为了制造含有叠状、斜面、曲面等结构特征的三维微小元器件，通常采用多掩模套刻、光刻时在线规律性移动掩模板、倾斜/移动承片台、背面倾斜光刻等措施来实现。

目前，国内新兴发展起来的使用 SU-8 负型胶代替 PMMA 正胶作为光敏材料，以减少曝光时间和提高加工效率，是 LIGA 技术发展的新动向。由于 LIGA 技术需要极其昂贵的 X 射线光源和制作复杂的掩模板，使其工艺成本非常高，因而限制该技术在工业上的推广应用。于是出现了一类应用低成本光刻光源和（或）掩模制造工艺而制造性能与 LIGA 技术相当的新的加工技术，通称为准 LIGA 技术或 LIGA-like 技术。例如，用紫外光源曝光的 UV-LIGA 技术，准分子激光光源的 Laser-LIGA 技术，用微细电火花加工技术制作掩模的 MicroEDM-LIGA 技术，用 DRIE 工艺制作掩模的 DEM 技术等。其中，以用 SU-8 光刻胶为光敏材料，紫外光为曝光源的 UV-LIGA 技术以其具有诸多优点而被广泛采用。

4.2.4 纳米加工技术

当加工精度以纳米（1nm 等于 10^{-9} m），甚至最终以原子单位（原子晶格距离为 0.1～0.2nm）为目标时，需要借助特殊的加工方法，即应用机械能、化学能、热能或电能等，使这些能量超越原子间的结合能，实现原子和分子的去除、搬迁和重组，以达到纳米加工的目的。纳米加工的方法有机械加工、化学腐蚀、能量束加工、复合加工、扫描隧道显微加工等。纳米级机械加工方法包括：单晶金刚石刀具的超精密磨削，金刚石砂轮和立方氮化硼砂轮的超精密磨削及镜面磨削，研磨和砂带抛光等固定磨料工具的加工，研磨、抛光等自由磨料的加工等。化学腐蚀、能量束加工方法在纳米加工技术中占有重要的地位，这些方法的特点是对表面层物质去除或添加的量可以作极细微的控制。例如，聚焦离子束技术就是在电场和磁场的作用下，将离子束聚焦到纳米量级，通过偏转系统及加速系统精确控制离子束流密度和离子能量，可以实现微细图形的检测分析和纳米结构的无掩模加工。离子束加工是所有特种加工方法中最微细最精密的加工方法，是当代纳米加工技术的重要基础。

4.3 先进制造技术

社会的需求和生产的发展是推动技术进步的不竭动力。近两百年来，在市场需求不断变化的驱动下，机械制造业的生产规模沿着"小批量→少品种、大批量→多品种、变批量"的方向发展；加工制造的生产方式也随之发生了革命性的变化，沿着"手工生产→机械化生产→单机自动化生产→刚性流水自动化生产→柔性自动化生产→智能自动化生产"的方向发展，与之相适应也出现了一系列的先进制造技术。

4.3.1 柔性制造系统（FMS）

柔性制造系统（Flexible Manufacturing System）是在成组技术的基础上，以多台（种）数控机床或数组柔性制造单元为核心，通过自动化物流系统将其联结，由计算机控制系统进行控制和管理的自动化制造系统。它能根据制造任务或生产环境的变化迅速进行调整，适用于多品种、中小批量生产。

柔性制造系统所使用的机床是数控机床。数控机床加工是按照加工要求预先编制好程序，将其输入机床的数控装置，通过伺服系统控制机床的各个执行元件，根据给定的程序自动加工出所需的零件。数控加工中心则是一种带有刀库并能自动更换刀具，能够对工件在一定的范围内进行多种加工（如镗、铣和钻削等）的数控机床。数控机床加工具有适应性广、生产效率高、加工质量稳定等优点。

成组技术为柔性制造系统提供了零件分类编组的功能。它是将结构、材料、工艺相近似的零件组成一个零件族（组），按零件族制定工艺进行加工，从而扩大批量，减少品种，便于采用高效方法来提高劳动生产率。

柔性制造系统有以下三种类型。

（1）柔性制造单元　柔性制造单元由一台或数台数控机床或加工中心构成的加工单元。该单元根据需要可以自动更换刀具和夹具，加工不同的工件。柔性制造单元适合加工形状复杂，加工工序简单，加工工时较长，批量小的零件。它有较大的设备柔性，但人员和加工柔性低。

（2）柔性自动生产线　柔性自动生产线是把多台可以调整的机床（多为专用机床）联结起来，配以自动运送装置组成的生产线。该生产线可以加工批量较大的不同规格零件。柔性程度低的柔性自动生产线，在性能上接近大批量生产用的自动生产线；柔性程度高的柔性自动生产线，则接近于小批量、多品种生产用的柔性制造系统。

（3）柔性制造工厂　柔性制造工厂是将多条柔性自动生产线连接起来，配以自动化立体仓库，用计算机系统进行联系，采用从订货、设计、加工、装配、检验、运送至发货的完整FMS。它包括了CAD/CAM，并使计算机集成制造系统（CIMS）投入实际，实现生产系统柔性化及自动化，进而实现全厂范围的生产管理、产品加工及物料储运进程的全盘自动化。柔性制造工厂是自动化生产的最高水平，反映出世界上最先进的自动化应用技术。它是将制造、产品开发及经营管理的自动化连成一个整体，以信息流控制物质流的智能制造系统为代表，其特点是实现工厂柔性化及自动化。

采用柔性制造系统的优点主要有以下几个方面：①设备利用率高，可使投资减少。一组机床编入柔性制造系统后的产量，一般可达这些机床在单机作业时的三倍。获得高效率的原因在于，一是计算机为每个零件都安排了加工机床，一旦机床空闲，可立刻将零件送上加工，同时将相应的数控加工程序输入这台机床；二是由于送上机床的零件早已装卡在托盘上（装卡工作是在单独的装卸站进行），因而机床不用等待零件的装卡。由于设备的利用率高，柔性制造系统能以较少的设备来完成同样的工作量。②缩短生产准备时间，减少工时费用。由于机床是在计算机控制下进行工作，不需工人去操作。唯一用人的岗位是装卸站，这就减少了工时费用。并且，由于缩短了等待加工时间，与一般加工相比，柔性制造系统在减少工序间零件库存数量上有良好效果。③快速应变能力和维持生产的能力增强。柔性制造系统有其内在的灵活性，能适应由于市场需求变化和工程设计变更所出现的变动，进行多品种生产。而且还能在不明显打乱正常生产计划的情况下，插入备件和急件制造任务。许多柔性制造系统的设计考虑到了当一台或几台机床发生故障时系统仍能降级运转的能力，有些柔性制造系统能够在无人照看的情况下进行第二和第三班的生产。④产品质量高。零件在加工过程中，装夹一次完成，加工形式稳定，加工精度高。

4.3.2　计算机集成制造系统（CIMS）

计算机集成制造系统（Computer Integrated Manufacturing System）是在信息技术自动化技术与制造的基础上，通过计算机技术把分散在产品设计制造过程中各种孤立的自动化子系统有机地集成起来，形成适用于多品种、小批量生产，实现整体效益的集成化和智能化制造系统。集成化反映了自动化的广度，智能化则体现了自动化的深度，它不仅涉及物资流控制的传统体力劳动自动化，还包括信息流控制的脑力劳动的自动化。在这个系统中，集成化的全局效应更为明显。在产品生命周期中，各个环节都已有了其相应的计算机辅助系统，如计算机辅助设计（CAD）、计算机辅助制造（CAM）、计算机辅助工艺规划（CAPP）、计算机辅助测试（CAT）、计算机辅助质量控制（CAQ）等。但这些单项技术"CAX"还只是生产作业上的各自独立的小系统，计算机集成制造系统就是将它们集成在一起，将产品生命周期中所有的有关功能，包括设计、制造、管理、市场等的信息处理全部加以集成，把企业生产过程中经营管理、生产制造、售后服务等环节联系在一起，构成一个能适应市场需求变化和生产环境变化的大系统。CIMS不仅把技术系统和经营生产系统集成在一起，而且也把人（人的思想、理念及智能）集成在一起，所以，CIMS是人、经营和技术三者集成的产物。

4.3.3　虚拟制造（VM）

虚拟制造（Virtual Manufacturing）是以虚拟现实技术和仿真技术为基础，对产品的设计、生产过程统一建模，在计算机上实现产品从设计、加工和装配、检验、使用整个生命周期的模拟和仿真。这样，可以在产品的设计阶段就模拟出产品及其性能和制造过程，预测产品全生命周期的各种活动对产品设计的影响，从而更加有效地、经济地、柔性地组织生产，最大限度地减少由于前期设计给后期制造带来的回溯更改，以达到产品开发周期和成本的最小化，产品设计质量的最优化和生产效率的最大化。

虚拟现实技术是使用感官组织仿真设备和真实或虚幻环境的动态模型生成或创造出人能够感知的环境或现实，使人能够凭借直觉作用于计算机产生的三维仿真模型的虚拟环境。可以看出，基于虚拟现实技术的"虚拟制造"虽然不是实际的制造，但却体现了实际制造的本质过程，是一种通过计算机虚拟模型来模拟和预估产品功能、性能及可加工性等各方面可能存在的问题，提高人们的预测和决策水平，使得制造技术走出主要依赖于经验的传统的狭隘格局，发展到了全方位预报的新阶段。虚拟制造技术的广泛应用将从根本上改变现行的制造模式，对制造业也将产生巨大影响。

4.3.4　精益生产（LP）

精益生产（Lean Production）是一种以最大限度地减少企业生产所占用的资源和降低企业管理和运营成本为主要目标的生产方式。精益生产的基本原则就是"企业应该减肥"，即要消除一切形式的浪费，追求生产系统的不断改进；去掉生产环节中一切无用的东西，每个人员及其岗位的安排原则是必须增值，去除一切不增值的岗位；精简产品开发设计、生产、管理中一切不产生附加值的工作。其目的是以最优品质、最低成本和最高效率对市场需求作出最迅速的响应。

精益生产的重要措施是准时生产（just in time，JIT），其主导思想是做到及时供应，使物流通畅，消灭所有停滞和等待，尽可能减少库存，甚至做到零库存；当产品检验合格后，用户立即把产品提走，从而保证零件和产品在车间停留时间最少，以加快资金周转速度，达到降低成本的目的。基于JIT技术的生产系统，一方面继续保持了大量流水作业的特点，另一方面又为适应多品种生产而对工序的柔性进行了改造，使之能在短时间内作出快速调整或更换的反应。这一点在过去很难实现，但在数控技术和计算机技术广泛应用的今天则比较容易做到。

精益生产方式要求产品"尽善尽美"，对生产和管理过程必须精益求精，必须在生产的各个环节把好质量关，重视各个环节的配合和信息的反馈，注重通过内部挖潜来提高经济效益，而这一切又都是由人来完成的。因此，精益生产方式的重要特点是强调人在生产中的主导作用，重视对员工的培养，在企业内部树立"同舟共济"的观念，通过加强团队建设、健全质量管理小组、推行合理化建议制度和目标管理制度等措施，最大限度地调动所有员工的积极性和创造性。

4.3.5 敏捷制造（AM）

敏捷制造（Agile Manufacturing）是指企业实现敏捷生产经营的一种运营理念和生产模式。敏捷制造的目标是将柔性生产技术，有技术、有知识的劳动力与能够促进企业内部和企业之间合作的灵活管理这三方面的因素集成在一起，通过所建立的共同基础结构，对迅速改变的市场需求和市场实际做出快速响应。

敏捷制造企业具有以下主要特征：①柔性的组织机构。根据订货需求建立相应组织机构和虚拟公司，企业间进行动态合作；企业内部以团队方式展开密切协同工作，向工作团队适当放权；企业内组织机构要减少层次，由金字塔式组织转为扁平化组织。②优良的员工素质。企业充分重视员工的职业培训和继续教育，不断更新和提升员工的全面技能；实行以人为本的管理，把员工的知识和创造性看成是企业的财富；形成良好的企业文化，加强激励机制的作用。③先进敏锐的技术能力。企业具有强有力的信息支撑体系，能够实现各层次的快速技术决策；产品设计和生产准备周期短，产品质量终身保障；采用快速重组制造系统，通过网络化实现企业的整体集成。因此，敏捷制造比起其他制造方式对市场具有更灵敏、更快捷的反应能力，敏捷制造企业能够做到生产更快，产品质量更高，成本更低，库存更少，生产系统可靠性更好。

4.3.6 并行工程（CE）

并行工程（Concurrent Engineering）是在产品的设计开发期间，就将概念设计、结构设计、工艺设计、最终需求等结合起来，保证以最快的速度按要求的质量完成。它要求产品开发人员从一开始就考虑到产品全生命周期（从概念形成到产品报废）内各阶段的因素（如功能、制造、装配、作业调度、质量、成本、维护与用户需求等），并强调各部门的协同工作，通过建立各决策者之间的有效的信息交流与通信机制，综合考虑各相关因素的影响，使后续环节中可能出现的问题在设计的早期阶段就被发现，并得到解决，从而使产品在设计阶段便具有良好的可制造性、可装配性、可维护性及回收再生等方面的特性，最大限度地减少设计反复，缩短设计、生产准备和制造时间。

并行工程的特点是要求产品设计与工艺过程设计、生产技术准备、采购、生产等种种活动并行交叉进行。并行交叉有两种形式：一是按部件并行交叉，即将一个产品分成若干个部件，使各部件能并行交叉进行设计开发；二是对每单个部件，可以使其设计、工艺过程设计、生产技术准备、采购、生产等各种活动尽最大可能并行交叉进行。并行工程的具体做法是：在产品开发初期，组织多种职能协同工作的项目组，使有关人员从一开始就获得对新产品需求的要求和信息，积极研究涉及本部门的工作业务，并将所需要求提供给设计人员，使许多问题在开发早期就得到解决，从而保证了设计的质量，避免了大量的返工浪费。

习题与思考题

1. 与传统的切削加工工艺相比，特种加工方法有何特点？

2. 什么是电火花加工的"极性效应"？在加工中如何利用极性效应？

3. 电火花线切割加工主要适用于加工何种零件？

4. 电解加工与电火花加工相比，各有何优缺点？

5. 超声波加工的原理是什么？为什么它特别适合于加工硬脆的材料？

6. 试说明激光加工、电子束加工、离子束加工的基本原理。

7. 什么是微细加工？微细加工有哪些主要的方法？

8. 什么是柔性制造系统？柔性制造系统可分为哪几类？

9. 敏捷制造企业的主要特征是什么？

10. 并行工程与传统的产品设计制造过程有什么不同？

第5章 零件的结构工艺性

在设计机械零件时，不仅要使其结构符合使用性能的要求，还应当考虑使其具有良好的结构工艺性，这对于保证零件的加工质量和降低生产成本有着重要的意义。

5.1 零件结构工艺性的基本概念

结构工艺性指所设计的零件在满足使用要求的前提下，制造的可行性、难易程度和经济性。零件结构工艺性好，是指所设计的零件在达到使用要求的前提下，能够比较方便、经济、高效地加工出合格的制品，也就是指在现有工艺条件下该零件既便于制造，又有较低的制造成本。

零件结构工艺性的好坏并不是绝对的和一成不变的，而是随着科学技术的发展和生产工艺及设备等条件的改善而变化的。例如，图 5-10(a)、图 5-11(a) 中所示的同一根阶梯轴上不同部位的锥度、圆角半径不一致，若用普通机床加工，就要增加机床的调整次数和刀具的种类，因而被认为是结构工艺性不好的设计；但在数控机床上，刀具根据编好的程序却可以很方便将它们加工出来。再如，图 5-19(a) 的轴承盖上的轴线倾斜的螺纹孔，用传统的切削工艺来加工难度较大，而在万能数控铣床上，铣刀头分度一个角度就能轻松解决这一问题。

5.2 切削加工工艺对零件结构的要求

如上所述，决定零件切削加工的结构工艺性好坏的主要依据，是看其是否能够方便和经济地加工出来，因此，在设计零件结构时，具体应考虑以下这些方面的要求。

(1) 便于加工和测量
① 便于加工时进刀和退刀；
② 凸缘上的孔要留出足够的加工空间；
③ 尽量避免箱体内的加工面；
④ 尽可能避免在零件上设计弯曲的孔；
⑤ 零件上应设计出足够的退刀槽、空刀槽和越程槽；
⑥ 有配合要求的零件端部应有倒角；
⑦ 便于加工时测量。
(2) 利于保证加工质量和提高生产效率
① 在薄壁工件的装卡部位加大厚度，以提高刚性和加工精度；
② 机床导轨的边缘下面应设计加强筋板，以防止加工时变形；
③ 孔的轴线应与其端面垂直；
④ 有相互位置精度要求的表面，最好在一次安装中加工出来；
⑤ 尽可能减少安装次数，节约辅助时间；

⑥ 同一零件上的凸台应设计成等高，以便在一次走刀中加工所有凸台表面；

⑦ 同类结构的要素应尽量统一；

⑧ 减少刀具种类，节省换刀和对刀时间；

⑨ 同一零件上的螺纹螺距和螺纹牙形尽量一致，以节省调整机床和更换刀具的时间。

（3）尽量减少加工工作量

① 尽量采用形状和尺寸相近的标准型材或锻件，以减少加工工作量；

② 减少配合表面的加工面积，降低装配难度。

（4）注意提高标准化程度

① 尽量采用标准件，以降低成本；

② 零件上的结构参数值应尽量与标准刀具、标准量具相符；

③ 相同的零件，应尽量设计成便于多件加工的结构；

④ 螺纹的公称直径和螺距要取标准值；

⑤ 锥孔锥度和直径应采用标准值；

⑥ 优先选用基孔制配合。

（5）合理地规定表面的精度等级和粗糙度的数值。

（6）既要结合本单位的具体加工条件（如设备和工人的技术水平等），又要考虑与先进的工艺方法相适应。

（7）合理采用组合式的结构。

5.3　零件切削加工结构工艺性举例

（1）便于进刀和退刀　如图 5-1～图 5-5 所示为各种便于进刀和退刀的例子。

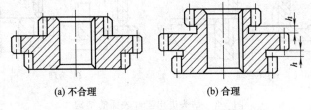

(a) 不合理　　　　　(b) 合理

图 5-1　多联齿轮要留有空刀槽

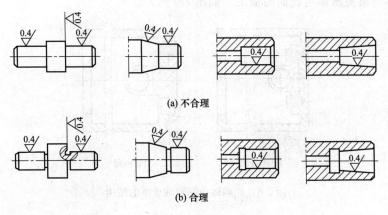

图 5-2　砂轮越程槽

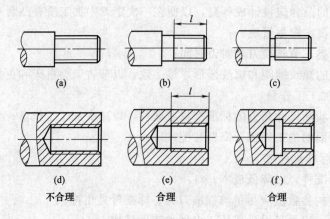

图 5-3　螺纹尾部的结构

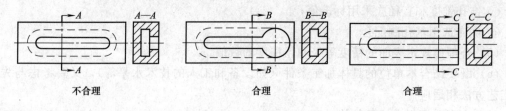

图 5-4　　T 形槽结构

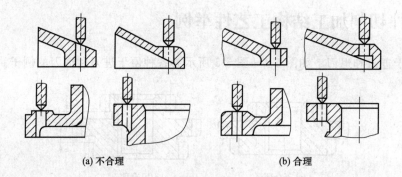

(a) 不合理　　　　　　　　　(b) 合理

图 5-5　钻头进出工件表面的结构

（2）应尽量避免箱体内表面的加工　如图 5-6 所示。

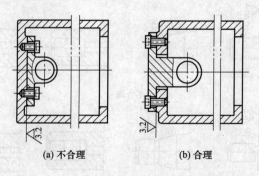

(a) 不合理　　　　　　　(b) 合理

图 5-6　在箱体内安装轴承座的结构

（3）尽量减少加工面积　见图 5-7。

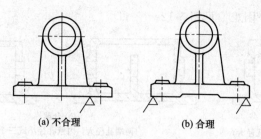

(a) 不合理   (b) 合理

图 5-7 减少加工面积

（4）尽量减少机床调整次数 见图 5-8～图 5-10。

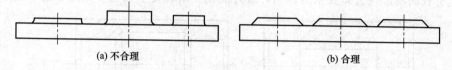

(a) 不合理   (b) 合理

图 5-8 加工面应等高

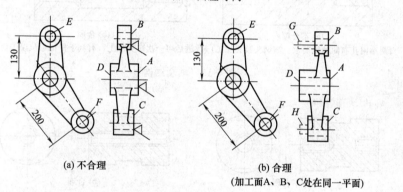

(a) 不合理   (b) 合理

（加工面A、B、C处在同一平面）

图 5-9 曲轴零件的结构

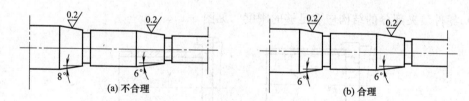

(a) 不合理   (b) 合理

图 5-10 轴上的锥度应尽可能一致

（5）尽量减少刀具种类 见图 5-11。

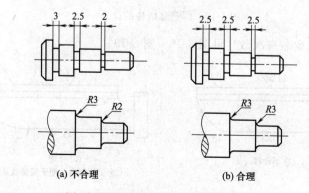

(a) 不合理   (b) 合理

图 5-11 同类结构尺寸要素尽可能统一

（6）避免给加工带来困难　见图 5-12。

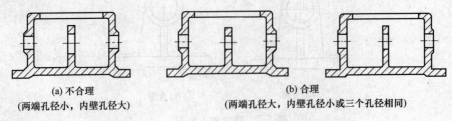

(a) 不合理　　　　　　　　　　　　　(b) 合理

(两端孔径小，内壁孔径大)　　　　(两端孔径大，内壁孔径小或三个孔径相同)

图 5-12　箱体同轴孔系尺寸的设计

（7）有较高的形位公差要求的表面，最好能在一次装夹中加工　见图 5-13、图 5-14。

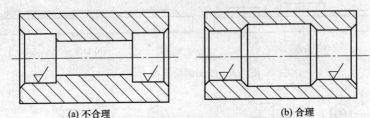

(a) 不合理　　　　　　　　　　　　　(b) 合理

(两端内孔有同轴度要求，需调头装夹加工) (改进后可一次装夹加工，有利于保证形位误差要求)

图 5-13　轴套结构

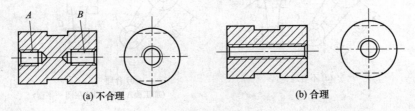

(a) 不合理　　　　　　　　　　　　　(b) 合理

图 5-14　有同轴度要求的联接头结构

（8）零件装夹部分的结构应有足够的刚度　见图 5-15。

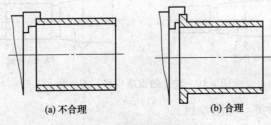

(a) 不合理　　　　　　　　　　　(b) 合理

图 5-15　薄壁套结构的设计

（9）便于装夹或减少装夹次数　见图 5-16～图 5-19。

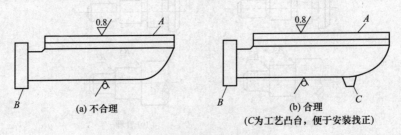

(a) 不合理　　　　　　　　　　　　　(b) 合理

(C为工艺凸台，便于安装找正)

图 5-16　数控铣床床身的结构

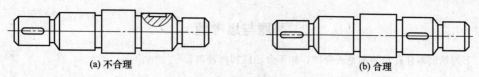

(a) 不合理   (b) 合理

图 5-17 轴上多个键槽的布置

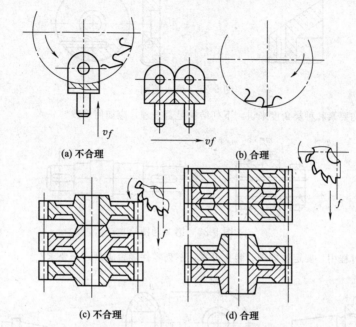

(a) 不合理   (b) 合理

(c) 不合理   (d) 合理

图 5-18 大批量生产的零件结构布置

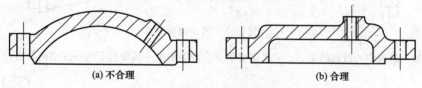

(a) 不合理   (b) 合理

图 5-19 顶部有孔的轴承盖

（10）便于测量 见图 5-20。

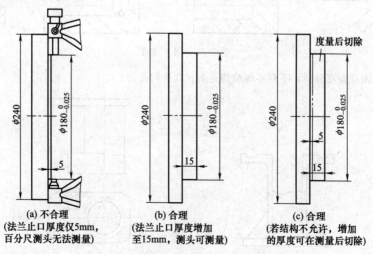

(a) 不合理
(法兰止口厚度仅5mm，
百分尺测头无法测量)

(b) 合理
(法兰止口厚度增加
至15mm，测头可测量)

(c) 合理
(若结构不允许，增加
的厚度可在测量后切除)

图 5-20 加工过程要便于尺寸测量

习题与思考题

1. 下列钻削零件孔口结构是否合理，如不合理应如何修改？

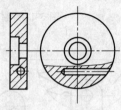

图 5-21　第 1 题图

2. 从零件的结构要素和种类角度来讲，下列结构是否合理，应如何修改？

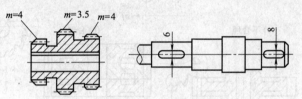

图 5-22　第 2 题图

3. 零件在加工过程中，要定位准确、装夹可靠，下列零件能否满足这一要求？

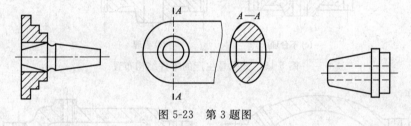

图 5-23　第 3 题图

4. 零件加工过程中，刀具的切入、切出都要留有合理的距离，试分析下列零件结构是否合理。

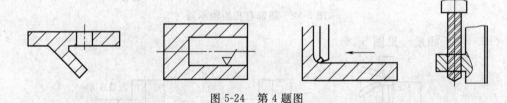

图 5-24　第 4 题图

5. 从零件的刚度角度分析，下列零件结构是否有改进的必要？

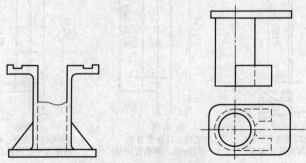

图 5-25　第 5 题图

6. 有些机械零部件单件加工起来，结构问题不大；要批量生产，生产效率就很低。下面几个零件，试用组合结构来加以改进，以提高其加工效率。

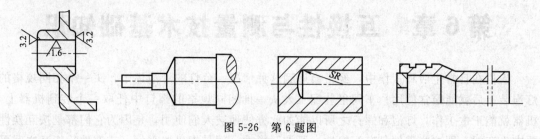

图 5-26　第 6 题图

第6章 互换性与测量技术基础知识

人们在日常生活和工作中，经常会遇到这种情况：台灯的灯泡坏了，买一个相同规格的灯泡装上后就能照常使用；车间里装配工人从一批相同规格的螺钉中任取一个装到机器上，机器就能正常工作。灯泡和螺钉之所以能如此方便地被人们使用，是因为它们都是按互换性要求生产的，即这些零件具有互换性。所谓互换性，就是指机器零件（或部件）相互之间可以代换且能保证使用要求的一种特性。

广义地说，零（部）件的互换性应包括其几何参数、力学性能、物理化学性能等方面的互换性，本书讨论的互换性概念主要是几何参数的互换性。

6.1 互换性概述

6.1.1 互换性的意义

互换性给产品的设计、制造、装配和使用维修带来了很大的方便。

① 从设计方面看，按照互换性要求设计产品，就可以最大限度地采用标准件、通用件，使设计、计算、制图等工作大为简化，缩短设计周期，并有利于产品多样化和计算机辅助设计。

② 从制造方面看，互换性有利于组织大规模专业化生产，有利于采用先进工艺和高效率的专用设备，有利于计算机辅助制造，实现专业化协调生产，从而减轻工人的劳动强度，以提高产品质量和生产率，降低制造成本。

③ 从装配方面看，由于零件具有互换性，可提高装配质量，缩短装配周期，便于实现装配自动化，提高装配生产率。

④ 从使用和维修方面看，由于具有互换性，若零部件坏了，可方便地用备件替换，既能缩短维修时间，又能保证维修质量，有利于提高机器的利用率，延长机器使用寿命，而且给产品的售后服务和用户的维护都带来极大的便利。

综上所述，互换性是现代机械制造业进行专业化生产的前提条件，对保证产品质量、提高生产率和降低生产成本都具有重要意义，因此互换性已成为现代机械制造业中一个普遍遵守的原则。随着现代化生产的发展，专业化、协作化生产模式的不断扩大，互换性原则的应用范围也越来越大。

6.1.2 互换性的分类

在生产中，互换性按其互换的程度可分为完全互换和不完全互换两种。

(1) 完全互换　完全互换是指同一规格的一批零件或部件，不需分组、挑选、调整和修配，就能装配到机器上，并能达到设计时规定的功能要求。

(2) 不完全互换　当装配精度要求较高时，采用完全互换将使零件制造精度要求提高，加工困难，成本增高，甚至无法加工，这时可采用不完全互换法进行生产。不完全互换是指将有关零件的尺寸公差（尺寸允许变动范围）放宽，在加工好后测量进行，将零件按实际尺寸的大小分为若干组，两个相同组号的零件相互装配，这样既可保证装配精度，又能解决加工困难的问题。因为仅同一组内零件有互换性，组与组之间不能互换，又称分组互换法。

在装配时允许用补充机械加工或钳工修刮办法来获得所需的精度，称为修配法。用移动或更换某些零件以改变其位置和尺寸的方法来达到所需的精度，称为调整法。

究竟采用何种方式生产为宜，要由产品精度、产品的复杂程度、生产规模、设备条件以及技术水平等一系列因素决定。一般大量和批量生产采用完全互换法生产。精度要求很高时，常采用分组装配，即不完全互换法生产。而小批量和单件生产，常采用修配法或调整法生产。此外，不完全互换通常用于部件或机构的制造厂内部的装配，而厂外协作往往要求完全互换。

6.1.3 实现互换性的前提

要实现互换性，就要严格按照统一的标准进行设计、制造、装配、检验等，而标准化正是实现这一要求的一项重要技术手段。因此，在现代工业中，标准化是广泛实现互换性生产的前提和基础。

标准是从事生产、建设及商品流通等工作中共同遵守的一种技术依据。它以生产实践、科学试验和可靠经验为基础，由有关方面协调制定，经一定程序批准后，在一定范围内具有约束力。

标准化是指制定、贯彻标准的全过程。它是组织现代化生产的一个重要手段，是实现专业化协调生产的必要前提，是科学管理的重要组成部分。通过标准化的实施，获得最佳的社会经济效益。

标准可按不同的级别颁布。我国标准分为国家标准（GB）、行业标准、地方标准和企业标准（QB）四级。此外，从世界范围看，还有国际标准（如 ISO）和区域性标准。

我国的国家标准和行业标准又分为强制性标准和推荐性标准两大类。一些关系到人身安全、健康、卫生及环境保护等的标准属于强制性标准，国家以法律、行政和经济等手段来维护强制性标准的实施。大量的标准属于推荐性标准。

近年来，在立足实际情况的基础上，我国修订标准注重向国际标准靠拢，以利于加强国际技术交流和产品互换。

6.1.4 实现互换性的条件

在加工过程中，由于各种因素的影响，零件的实际几何参数不可能做得绝对准确，要想把同一规格的一批零件的几何参数做得完全一致是不可能的，也是不必要的。实际上，只要把几何参数的误差控制在一定范围内，就能满足互换性的要求。零件几何参数误差的允许范围称为公差，包括尺寸公差和几何公差等。

加工好的零件是否满足公差要求，需要通过检测加以判断。检测不仅用于评定零件合格与否，而且用于分析不合格的原因，以便及时提高产品质量。大量事实证明，产品质量的提高，除设计和加工精度的提高外，往往更有赖于检测精度的提高。

综上所述，合理确定公差与正确进行检测，是保证产品质量、实现互换性生产的两个必不可少的手段和条件。

6.2　优先数和优先数系标准

为了保证互换性，必须合理地确定零件公差。公差数值标准化的理论基础就是优先数系和优先数。

任何一种机械产品，总是有它自己的一系列技术参数。当选定一个数值作为某产品的参数指标时，这个数就会按一定的规律，向所有相关制品和材料中的相应指标传播。例如，螺栓的尺寸一旦确定，则其相应的螺母尺寸、螺纹孔尺寸、丝锥尺寸、检验该螺纹孔的塞规尺寸以及攻螺纹前的钻孔尺寸和钻头直径也随之而定，这种情况称为数值的传播。

对各种技术参数值协调、简化和统一是标准化的重要内容。优先数系就是对各种技术参数的数值进行协调、简化和统一的科学数值制度。

我国在标准化工作过程中，于 1964 年颁布了 GB 32—1964《优先数和优先数系》国家标准。随着我国在 1978 年以"中国标准化协会"名义加入 ISO，对此标准进行了修订和补充，并于 1980 年颁布了 GB 321—1980。该标准采用了 ISO 推荐的 $m=5，10，20，40，80$ 五种数系，统称为雷诺数系，分别用 R5，R10，R20，R40，R80 表示。其中前 4 个为基本系列，R80 为补充系列，仅用于分级很细的特殊场合。

它们的公比分别为：

R5 系列：$q_5 = \sqrt[5]{10} \approx 1.6$；

R10 系列：$q_{10} = \sqrt[10]{10} \approx 1.25$；

R20 系列：$q_{20} = \sqrt[20]{10} \approx 1.12$；

R40 系列：$q_{40} = \sqrt[40]{10} \approx 1.06$；

R80 系列：$q_{80} = \sqrt[80]{10} \approx 1.03$。

优先数系是一种无量纲的分级数值，它是十进制等比数列，适用于各种量值的分级。数系中的每一个数都为优先数。

按公比计算得到的优先数的理论值，除 10 的整数次幂外，都是无理数，不便于直接应用，实际应用的都是经过圆整后的近似值。根据圆整的精确程度，可分为以下两种。

（1）计算值　取 5 位有效数字，供精确计算用。

（2）常用值　即经常使用的通常所称的优先数，取 3 位有效数字。

表 6-1 中列出了 1～10 范围内基本系列的常用值和计算值。选用基本系列时，应遵守先疏后密的规则，即应按照 R5、R10、R20、R40 的顺序优先采用公比较大的基本系列，以免规格过多。如将表中所列优先数乘以 10，100，…，或乘以 0.1，0.01，…，即可得到大于10 或小于 1 的优先数。

表 6-1　优先数系的基本系列（摘自 GB/T 321—2005）

基本系列（常用值）				计算值
R5	R10	R20	R40	
1.00	1.00	1.00	1.00	1.0000
			1.06	1.0593
		1.12	1.12	1.2220
			1.18	1.1885

续表

基本系列(常用值)				计算值
R5	R10	R20	R40	
	1.25	1.25	1.25	1.2589
			132	1.3335
		1.40	1.40	1.4125
			1.50	1.4962
1.60	1.60	1.60	1.60	1.5849
			1.70	1.6788
		1.80	1.80	1.7783
			1.90	1.8836
	2.00	2.00	2.00	1.9953
			2.12	3.1135
		2.24	2.24	2.2387
			2.36	2.3714
2.50	2.50	2.50	2.50	2.5119
			2.65	2.6607
		2.80	2.80	2.8184
			3.00	2.9854
	3.15	3.15	3.15	3.1623
			3.35	3.3497
		3.55	3.55	3.5481
			3.75	3.7581
4.00	4.00	4.00	4.00	3.9811
			4.25	4.2170
		4.50	4.50	4.4668
			4.75	4.7315
	5.00	5.00	5.00	5.0119
			5.30	5.3088
		5.60	5.60	5.6234
			6.00	5.9566
6.30	6.30	6.30	6.30	6.3096
			6.70	6.6834
		7.10	7.10	7.0795
			7.50	7.4980
	8.00	8.00	8.00	7.9433
			8.50	8.4140
		9.00	9.00	8.9125
			9.50	9.4405
10.00	10.00	10.00	10.00	10.0000

　　为了满足生产需要,标准还允许从基本系列和补充系列中隔项取值组成派生系列。例如,在 R10 系列中,每3项取一值得到 R10/3 系列,即 1.00,2.00,4.00,8.00,…,这就是倍数系列。国家标准规定的优先数系分档合理、疏密均匀、简单易记、便于使用。常见的量值,如长度、直径、转速及功率等的分级,基本上都按优先数系进行。本课程所涉及的

有关标准中，诸如尺寸分段、公差分级及表面粗糙度的参数系列等，也采用优先数系。以下是几个应用于机电方面的例子：

（1）公差等级 IT5～IT18，采用 R5 系列

IT5　IT6　IT7　IT8　IT9　IT10　IT11　IT12…

7i　　10i　16i　25i　40i　64i　　100i　160i…

（2）矩形截面的导线，厚度按 R20 系列，宽度按 R40 系列

厚度：0.80，0.90，1.00，1.12，…，2.00；

宽度：2.00，2.12，2.24，2.36，…，3.00；

（3）显微镜的物镜放大倍数采用 R5 系列

1.6X，2.5X，4X，6.3X，10X，25X，40X，63X.100X：

（4）表面粗糙度 Ra 值（第一系列）采用 R10/3 派生系列

0.012，0.025，0.050，0.10，0.20，…，50；

采用优先数系时，通常有以下经验。

一般机械的主要参数可按 R5 或 R10 系列；专用工具的主要参数按 R10 系列；一般材料、零件和工具的尺寸按 R20 或 R40 系列（R40 应用少）；派生系列通常用于因变量；采用复合系列时，要注意两个系列的衔接处，公比的变化不能太大，否则会使产品系产生"缺段"。

6.3　测量技术基础

测量是指为了确定被测几何量的量值而进行的操作过程，其实质是将被测几何量与作为计量单位的标准量进行比较，从而获得两者比值的过程。

由测量的定义可知，任何一个测量过程都必须有明确的被测对象和确定的计量单位，还要有与被测对象相适应的测量方法，以及测量结果必须达到的测量精度。因此，一个完整的测量过程应包括如下四个要素。

（1）被测对象　本章所述的被测对象是几何量，即长度、角度、形状、相对位置、表面粗糙度以及螺纹、齿轮等零件的几何参数等。

（2）计量单位　采用我国的法定计量单位。

（3）测量方法　测量时所采用的测量原理、计量器具和测量条件的总和。

（4）测量精度　测量结果与被测量真值的一致程度。

测量技术的基本要求是：在测量过程中，应保证计量单位的统一和量值准确；应将测量误差控制在允许范围内，以保证测量结果的精度；应正确地、经济合理地选择计量器具和测量方法，以保证一定的测量条件。

6.3.1　长度计量单位与量值传递系统

（1）长度计量单位　"单位"是经公认机构认定的标准量。对于长度单位，是以国际单位制的基本长度"米"作为基本单位。1983 年 10 月第 17 届国际计量大会上通过了作为长度基准的米的新定义为："1 米是光在真空中 1/299792458 秒的时间间隔内所行进的路程"。由于激光稳频技术的发展，采用激光波长作为长度基准具有很好的稳定性和复现性。我国采用碘吸收稳定的 $0.633\mu m$ 氦氖激光辐射作为波长标准来复现"米"的定义。

（2）量值传递系统　在实际应用中，不便用光波作为长度基准进行测量，必须把长度基准的量值复现到实体（线纹体或量块）上，再经过由高至低的精度传递，传递到生产中所应用的各种计量器具和被测工件上，即建立长度量值传递系统。长度量值分两个平行的系统向下传递：一个是端面量具（量块）系统，另一个是刻线量具（线纹尺）系统。其中，以量块为量值传递媒介的系统应用较广。

量块又名块规，是没有刻度的平面平行端面量具，有长方体和圆柱体两种形式。它是一种精度很高的定值量具（即1块块规只表示一个尺寸），通常用性质较稳定且耐磨的铬锰类工具钢制造；一般是由专门量具厂用多块组成的盒装套件供应。有91块组、83块组、46块组、38块组、12块组等多种套别。

量块的测量面非常平整光洁，具有黏合性，所以可单块使用，也可多块黏合在一起使用，即用少许压力将两块量块对应的测量面轻轻推合在一起。多块使用时，为了减少组合误差，一般不超过4块。

6.3.2　计量器具和测量方法

6.3.2.1　计量器具

计量器具是指量具、量规、量仪和其他专门用于测量的装置的总称。根据其结构特点和用途可分为以下4类。

（1）标准量具　测量中体现标准量的量具。其中，体现固有量值的标准量者为定值标准量值，如基准米尺、量块、角度块（角度量块）等；体现一定范围内各种量值的标准量者为变值标准量具，如刻线尺、量角器等。

（2）极限量规（专用测量器具）　这种量具没有刻度，只能用于检验工件的实际尺寸和几何误差是否在合格范围内，而不能测出具体数值。极限量规是专用的，即一种规格的量规只能判断一种规格的尺寸要素和形位误差。种类有光滑极限量规、螺纹极限量规、花键极限量规等。

（3）通用测量器具　这是相对于专用测量器具来讲的。这种器具有刻度，可以测出被测量的具体数值，只要在它的测量和示值范围内的尺寸要素均可测量。

常见的通用量仪有卡尺类、机械类、光学类、微动螺旋副类以及各种气动、电动、光电一体的量仪。

（4）检验夹具　属于测量装置之列，它是测量时的辅助用具，其目的是提高测量的效率和降低测量的误差。

计量器具依据技术指标进行选用。其技术指标主要有：

① 刻度间距与分度值；

② 示值范围与测量范围；

③ 示值误差与示值稳定性（示值变动性）；

④ 灵敏度与灵敏限（灵敏阈）；

⑤ 回程误差；

⑥ 测量力；

⑦ 修正值（校正值）；

⑧ 计量器具的不确定度。

6.3.2.2　测量方法

测量方法可从不同角度进行分类，如：

① 按实际测量值是否是被测量可分为直接测量和间接测量；

② 按同时被测参数的数目可分为单项测量和综合测量；

③ 按测头与被测对象是否接触（是否存在测量力），可分为接触测量和非接触测量；

④ 按被测对象与测头的相对状态，可分为静态测量和动态测量；

⑤ 按测量是否在加工过程中进行分类，可分为离线测量（被动测量）和在线测量（主动测量）；

⑥ 按测量过程中，测量条件是否改变（通常指人为改变），可分为等精度测量和不等精度测量。

对于一个具体的测量过程，可能同时兼有几种测量方法的特性。例如，用三坐标测量机对工件的轮廓进行测量，则同时属于直接测量、接触测量、在线测量、动态测量等。测量方法的选择应考虑被测对象的结构特点、精度要求、生产批量、技术条件和经济效益等。

6.3.3　测量误差和数据处理

6.3.3.1　测量误差

由于计量器具本身的误差以及测量方法和条件的限制，任何测量过程都不可避免地存在误差，测量所得的值不可能是被测量的真值，测得值与被测量的真值之间的差异即为测量误差。测量误差可以表示为绝对误差和相对误差。绝对误差是指被测量的测得值（仪表的指示值）与其真值之差。相对误差是指绝对误差的绝对值与被测量真值之比。相对误差比绝对误差能更好地说明测量的精确程度。

产生测量误差的原因很多，归纳起来，主要有以下几个方面。

（1）测量装置方面的因素　计量器具、测量夹具本身的制造误差和零部件的不稳定性等因素均会对测量结果产生影响。

（2）测量环境方面的因素　测量环境是指测量所要求的外部条件，如温度、湿度、气压、振动、灰尘以及电测中的电路参数、磁场、光照等，这些因素的变化均会影响测量结果。

（3）测量人员方面的因素　测量人员的主观要素也会产生误差，如测量时的观察、瞄准、读数、记录误差等。

（4）测量方法方面的因素　测量方法是指测量技术上采取的做法。如采用近似测量、间接测量、接触测量、近似计算式、数字的取舍等均会对测量结果产生影响。

测量误差按其性质可分为随机误差、系统误差和粗大误差三类。其中系统误差对测量结果影响较大。

6.3.3.2　数据处理

对测量结果进行数据处理是为了减小测量误差对测量结果的影响。

由于系统误差会对测量结果产生较大的影响。因此，发现并消除或减少系统误差是提高测量精度的一个重要方面。消除系统误差的方法有如下几种。

（1）从误差根源上消除　在测量前，对测量过程中可能产生系统误差的环节作仔细分析，将误差从产生根源上加以消除。例如，在测量前调准零位，测量仪器和被测工件应处于标准温度状态等。

（2）用加修正值的方法消除　测量前，先检定出计量器具的系统误差，取该系统误差的相反值作为修正值，用代数法将修正值加到实际测得值上，即可得到不包含该系统误差的测量结果。例如，量块的实际尺寸不等于标称尺寸，则应按经过检定的量块实际尺寸使用，就可避免系统误差的产生。

（3）用两次读数法消除　若两次测量所产生的系统误差大小相等或相近、符号相反，则取两次测量的平均值作为测量结果，即可消除系统误差。

（4）用对称测量法消除　对称测量法可消除线性系统误差，如发现测量中有随时间呈线性关系变化的系统误差，可将测量程序对某一时刻对称地再测一次，通过一定的计算，即可达到消除此线性系统误差的目的。例如，比较测量时，温度均匀变化，产生随时间呈线性变化的系统误差，可安排等时间间隔的测量步骤：①测工件；②测标准件；③测标准件；④测工件。取①、④读数的平均值与②、③读数的平均值之差作为实测偏差。这样，就达到了消除此线性系统误差的目的。

（5）半周期法消除　对于周期性变化的变值系统误差，可用半周期法消除，即取相隔半个周期的两个测得值的平均值作为测量结果。

（6）反馈修正法消除　反馈修正法是消除变值系统误差（还包括一部分随机误差）的有效手段。当查明某种误差因素的变化（如位移、温度、气压变化等）对测量结果有较复杂的影响时，尽可能找出其影响测量结果的函数关系或近似函数关系，在测量过程中，用传感器将这些误差因素的变化转换成某种物理量形式（一般为电量），按其函数关系，通过计算机算出影响测量结果的误差值，并及时对测量结果自动修正。

虽然理论上系统误差可以完全消除，但由于各种因素的影响，系统误差只能减小到一定程度。如果系统误差减小到对测量结果的影响相当于随机误差的程度，则可认为系统误差已被消除。

习题与思考题

1. 什么叫互换性？它在现代制造业中有何重要意义？
2. 互换性包括哪几类？各适用于什么场合？
3. 实现互换性的前提和条件是什么？
4. 何谓优先数系？它有何特点？R5 系列的数每隔 5 位，数值增加几倍？

第7章 尺寸公差与配合

为了满足现代化机械工业对零件互换性的要求，必须保证零件的尺寸、几何形状和相互位置以及表面粗糙度等的一致性。就尺寸而言，是指要求尺寸在某一合理的范围之内。这个范围既要保证满足不同的使用要求，又要在制造上是经济合理的，因此就形成了"极限与配合"的概念。"极限"用于协调机器零件使用要求与加工经济性之间的矛盾，而"配合"则反映零件组合时有关功能要求的相互关系。

"极限"与"配合"的标准化，有利于机器的设计、制造、使用和维修，有利于保证机械零件的精度、使用性能和寿命等要求，也有利于刀具、量具、机床等工艺装备的标准化。极限与配合标准不仅是机械工业各部门进行产品设计、工艺设计和制订其他标准的基础，而且也是广泛组织协作和专业化生产的重要依据，是一项重要的基础标准。

我国国家标准对圆柱结合的设计和使用进行了规范，现行的相关国家标准主要有：GB/T 1800.1—2009《产品几何技术规范（GPS）极限与配合 第1部分：公差、偏差和配合的基础》；GB/T 1800.2—2009《产品几何技术规范（GPS）极限与配合 第2部分：标准公差等级和孔、轴极限偏差表》；GB/T 1801—2009《产品几何技术规范（GPS）极限与配合 公差带和配合的选择》：GB/T 1803—2003《极限与配合 尺寸至18mm孔、轴公差带》；GB/T 1804—2000《一般公差未注公差的线性和角度尺寸的公差》；GB/T 5371—2004《极限与配合 过盈配合的计算和选用》等。

7.1 基本术语与定义

7.1.1 有关孔、轴的定义

在尺寸极限与配合中，通常所讲的孔和轴都具有广义性。

（1）孔（Hole） 通常指工件的圆柱形内表面，也包括非圆柱形内表面（由两平行平面或切面形成的包容面）。

（2）轴（Axis） 通常指工件的圆柱形外表面，也包括非圆柱形表面（由两平行平面或切面形成的被包容面）。

7.1.2 有关尺寸的术语和定义

（1）尺寸（Size） 指以特定单位表示线性尺寸的数值。广义的，也包括以角度单位表示角度尺寸的数值。

尺寸一般分为基本尺寸、实际尺寸、极限尺寸和最大、最小实体尺寸。

（2）基本尺寸（Basic size） 基本尺寸指由设计给定的尺寸，在极限配合中，它也是计算尺寸偏差的起始尺寸。孔和轴的基本尺寸分别以 D 和 d 表示。

基本尺寸也称为"公称尺寸"。

（3）实际尺寸（Actual size） 实际尺寸指零件加工后通过实际测量所得的尺寸。孔和轴的实际尺寸分别以 D_a 和 d_a 表示。

（4）极限尺寸（Limiting size） 极限尺寸指孔或轴允许尺寸变化的两个极限值。两个极限尺寸中较大的一个称为上极限尺寸，较小的一个称为下极限尺寸，它们都是以基本尺寸为基数来确定的。

孔的上极限尺寸和下极限尺寸分别以 D_{max} 和 D_{min} 表示；轴的上极限尺寸和下极限尺寸分别以 d_{max} 和 d_{min} 表示。当零件的实际尺寸在上极限尺寸和下极限尺寸之间时，该零件尺寸是合格的。

（5）最大实体尺寸（M_{MS}）和最小实体尺寸（L_{MS}） 最大实体尺寸（M_{MS}）指孔或轴在尺寸公差范围内，允许材料量为最多时的极限尺寸；反之，孔或轴允许材料量为最少时的极限尺寸为最小实体尺寸（L_{MS}）。孔的最大和最小实体尺寸分别以 D_M 和 D_L 表示；轴的最大和最小实体尺寸分别以 d_M 和 d_L 表示。

$$孔：D_M = D_{min}，D_L = D_{max} \qquad 轴：d_m = d_{max} \quad d_L = d_{min}$$

7.1.3 有关尺寸偏差和尺寸公差的术语和定义

（1）尺寸偏差（Size deviation） 尺寸偏差（简称偏差）指某一尺寸减去其基本尺寸所得的代数差，分为实际偏差和极限偏差。

① 实际偏差是指实际尺寸减去其基本尺寸所得的代数差；

② 极限偏差是指极限尺寸减去其基本尺寸所得的代数差。上极限尺寸减去其基本尺寸所得的代数差称为上偏差（ES、es）；下极限尺寸减去其基本尺寸所得的代数差称为下偏差（EI、ei）。上、下偏差统称极限偏差。

根据定义，上、下偏差可分别用下式表示：

孔的上偏差 $\qquad ES = D_{max} - D \qquad (7-1)$

孔的下偏差 $\qquad es = D_{min} - D \qquad (7-2)$

轴的上偏差 $\qquad EI = d_{max} - d \qquad (7-3)$

轴的下偏差 $\qquad ei = d_{min} - d \qquad (7-4)$

偏差可以是正值、负值或零，分别对应尺寸大于、小于或等于其基本尺寸。正、负偏差必须标明"＋"号或"－"号，零偏差不能省略。

（2）尺寸公差（Size tolerance） 尺寸公差（简称公差）指允许尺寸的变化范围。公差等于上极限尺寸减下极限尺寸之差，也等于上偏差减下偏差之差。孔、轴的公差代号分别为 T_D 和 T_d。

根据定义，孔、轴公差可分别用下式表示：

孔 $\qquad T_D = D_{max} - D_{min} = ES - EI \qquad (7-5)$

轴 $\qquad T_d = d_{max} - d_{min} = es - ei \qquad (7-6)$

显然，公差大于零，计算时不加正负号，而且不能为零。

注意：公差和偏差是两个不同的概念。从数值上看，公差是一个没有正、负号，也不能为零的数值，偏差是一个有正、负或零的代数值；从意义上讲，公差是指允许尺寸的变动范围，偏差是指相对于基本尺寸的偏离量，如图 7-1 所示。

（3）尺寸公差带（Size tolerance range） 尺寸公差带（简称公差带）是指由代表上偏差和下偏差或上极限尺寸和下极限尺寸的两条直线所限定的区域。由于公差、偏差的数值与基本尺寸数据相差很大，不便用同比例表示，所以常用公差带图来表示，如图 7-2 所示，它由

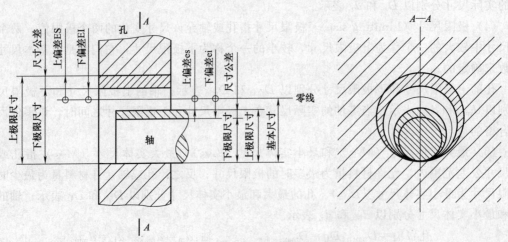

图 7-1　极限尺寸、偏差与公差示意图

零线和公差带组成。零线是代表基本尺寸的基准直线，正偏差位于零线上方，负偏差位于零线下方。绘制公差带图时，孔和轴的基本尺寸的单位为 mm，孔和轴的偏差和公差单位可以是 mm，也可以是 μm。

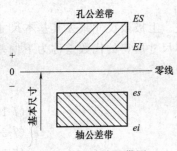

图 7-2　尺寸公差带图

公差带图绘图步骤在绘制公差带图时，应标注零线的基本尺寸线、基本尺寸和符号"±0"。它在绘制公差带图时应注意，用协调比例画出。

公差带图绘图步骤如下。

① 画零线，在零线的左下角用单箭头指向零线表示基本尺寸并标出其数值，在零线的左边标出"0"、"＋"和"－"。

② 区分孔、轴公差带，并按适当比例画出其大小和相互位置，即由代表上偏差和下偏差的两条直线所限定的一个区域。

③ 标出孔和轴的上、下偏差值及其他要求标注的数值。

如图 7-2 所示，公差带图由公差大小和其相对零线的位置确定。国家标准规定：标准公差给出公差值的大小，基本偏差确定公差带的位置。

④ 标准公差（Standard tolerance）：标准公差指国家标准规定的用以确定公差带大小的任一公差值。

⑤ 基本偏差（Basic deviation）：基本偏差指用以确定公差带相对于零线位置的上偏差或下偏差，一般为靠近零线的那个极限偏差，它可以是上偏差或下偏差。

【例 7-1】 已知一对相互配合的孔和轴，基本尺寸为 40mm，$D_{\max}=40.039$mm，$D_{\min}=40$mm，$d_{\max}=39.975$mm，$d_{\min}=39.950$mm，现测得孔、轴的实际尺寸分别为 40.010mm 和 39.968mm，求孔与轴的极限偏差、实际偏差及公差，并画出尺寸公差带图。

解：根据定义及公式（7-1）～式（7-6）可得

① 孔的上偏差 $ES=D_{\max}-D=40.039-40=+0.039$mm

孔的下偏差 $EI=D_{\min}-D=40-40=0$mm

轴的上偏差 $es=d_{\max}-d=39.975-40=-0.025$mm

轴的下偏差 $ei=d_{min}-d=39.950-40=-0.050$mm

② 孔的实际偏差$=40.010-40=+0.010$mm

轴的实际偏差$=39.968-40=-0.032$mm

③ 孔的公差 $T_D=D_{max}-D_{min}=40.039-40=+0.039$mm

或　　　$T_D=ES-EI=+0.039-0=+0.039$mm

轴的公差　$T_d=d_{max}-d_{min}=39.975-39.950=0.025$mm

或　　　$T_d=es-ei=-0.025-(-0.050)=0.025$mm

④ 尺寸公差带图如图 7-3 所示。

7.1.4　有关配合的术语和定义

（1）间隙（Clearance）和过盈（Surplus）　孔的尺寸减去相配合的轴的尺寸所得的代数差。差值为零或正值时是间隙，用 X 表示；为零或负值时是过盈，用 Y 表示。

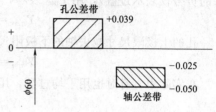

图 7-3　例 7-1 公差带图

（2）配合（Fit）　指基本尺寸相同、相互结合的孔和轴公差带之间的关系。它反映了相互结合零件之间的松紧程度。形成配合有两个基本条件：一是孔和轴的基本尺寸相同；二是孔和轴具有包容和被包容的特征，即孔和轴的结合。反映配合性质差异的因素：一是孔和轴公差带的相对位置；二是孔和轴公差带的大小。

根据孔和轴公差带之间的相互关系的不同，配合可分为间隙配合和过盈配合。

① 间隙配合（Clearance fit）　保证具有间隙（包括最小间隙为 0）的配合，此时孔的公差带在轴的公差带之上，如图 7-4 所示。

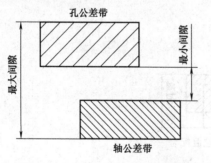
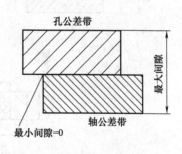

图 7-4　间隙配合

在间隙配合中，孔的上极限尺寸减去轴的下极限尺寸所得的代数差为最大间隙，用 X_{max} 表示，即

$$X_{max}=D_{max}-d_{min}=ES-ei \tag{7-7}$$

孔的下极限尺寸减去轴的上极限尺寸所得的代数差为最小间隙，用 X_{min} 表示，即

$$X_{min}=D_{min}-d_{max}=EI-es \tag{7-8}$$

在实际中，有时也用平均间隙，用 X_{av} 表示，即

$$X_{av}=(X_{max}+X_{min})/2 \tag{7-9}$$

② 过盈配合（Surplus fit）　保证具有过盈（包括最小过盈为 0）的配合，此时孔的公差带在轴的公差带之下，如图 7-5 所示。

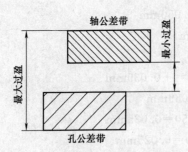 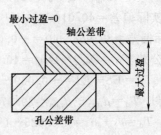

图 7-5　过盈配合

在过盈配合中，孔的下极限尺寸减去轴的上极限尺寸所得的代数差为最大过盈（计算结果的负号仅表示过盈），用 Y_{max} 表示，即

$$Y_{max} = D_{min} - d_{max} = EI - es \qquad (7\text{-}10)$$

孔的上极限尺寸减去轴的下极限尺寸所得的代数差为最小过盈，用 Y_{min} 表示，即

$$Y_{min} = D_{max} - d_{min} = ES - ei \qquad (7\text{-}11)$$

在实际中，有时也用平均过盈，用 Y_{av} 表示，即

$$Y_{av} = (Y_{max} + Y_{min})/2 \qquad (7\text{-}12)$$

③ 过渡配合（Transition fit）　可能具有间隙，也可能具有过盈的配合，此时孔的公差带与轴的公差带相互重叠，如图 7-6 所示。

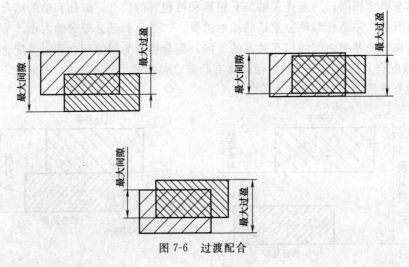

图 7-6　过渡配合

过渡配合的特征量公式表示为：

最大间隙　　　　　$X_{max} = D_{max} - d_{min} = ES - ei$

最大过盈　　　　　$Y_{max} = D_{min} - d_{max} = EI - es$

平均间隙或过盈　　$X_{av}(Y_{av}) = (X_{max} + X_{min})/2$

计算出的最大间隙应为正值，最大过盈应为负值；平均值是正值为平均间隙，负值为平均过盈。

（3）配合公差（Fit tolerance）　允许间隙或过盈的变动量，以 T_f 表示，是一个没有符号的特征值。配合公差用公式表示如下：

间隙配合　　　　　$T_f = X_{max} - X_{min} = T_D + T_d \qquad (7\text{-}13)$

过盈配合　　　　　$T_f = |Y_{min} - Y_{max}| = T_D + T_d \qquad (7\text{-}14)$

过渡配合 $$T_f = X_{max} - Y_{max} = T_D + T_d \qquad (7\text{-}15)$$

可见，无论哪一类配合，配合公差都等于孔、轴公差之和，即

$$T_f = T_D + T_d$$

（4）配合公差带（Fit tolerance range）　与尺寸公差带相似，由代表极限间隙与极限过盈的两条直线所限定的区域，称为配合公差带。用直角坐标表示间隙或过盈的变动范围的图形称为配合公差带图，如图 7-7 所示。0 坐标线上方表示间隙，下方表示过盈。图上左侧表示间隙配合的配合公差带，中间表示过盈配合的配合公差带，右侧表示过渡配合的配合公差带。

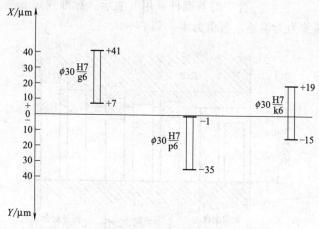

图 7-7　配合公差带图

【例 7-2】　已知某孔轴配合的基本尺寸为 $\phi 50$mm，最大间隙 $X_{max} = +8\mu$m，配合公差 $T_f = 41\mu$m，孔的公差 $T_D = 25\mu$m，轴的下偏差 $ei = +17\mu$m，试确定孔、轴的尺寸并画出配合公差带图。

解：① 确定孔、轴的尺寸

由 $T_f = T_D + T_d$ 得

$T_d = T_f - T_D = 41 - 25 = 6\mu$m；

由 $T_d = es - ei$ 得

$es = T_d + ei = 16 + (+17) = +33\mu$m

又由 $X_{max} = ES - ei$ 得

$ES = X_{max} + ei = +8 + (+17) = +25\mu$m

$EI = ES - T_d = (+25) - 25 = 0\mu$m

则孔尺寸为 $\phi 50^{+0.025}_{0}$mm，轴 $\phi 50^{+0.033}_{+0.017}$mm。

② 求最大过盈。

由 $ES > ei$，且 $EI < es$ 知，此配合为过渡配合。则由 $T_f = X_{max} - Y_{max}$ 得

$Y_{max} = X_{max} - T_f = (+8) - 41 = -33\mu$m

③ 画配合公差带图（见图 7-8）。

（5）基孔制配合　基本偏差为一定的孔的公差带，与不同基本偏差的轴的公差带形成各种配合的一种制度，称为基孔制，如图 7-9 所示。

由图 7-9 可知，基孔制是将孔的公差带位置固定不变，而变动轴的公差带位置。基孔制

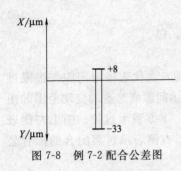

图 7-8　例 7-2 配合公差图

的孔称为基准孔，也称为配合中的基准件，用 H 表示。标准规定基准孔的公差带位于零线的上方，其基本偏差为下偏差，数值为零，即 $EI=0$。

（6）基轴制配合　基本偏差为一定的轴的公差带，与不同基本偏差的孔的公差带形成各种配合的一种制度，称为基轴制，如图 7-10 所示。

从图 7-10 可知，基轴制是将轴的公差带位置固定不变，而变动孔的公差带位置。基轴制的轴称为基准轴，也称为配合中的基准件，用 h 表示。标准规定基准轴的公差带位于零线的下方，其基本偏差为上偏差，数值为零，即 $es=0$。

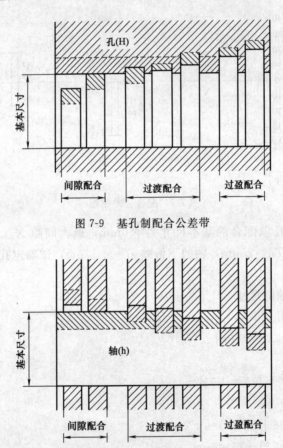

图 7-9　基孔制配合公差带

图 7-10　基轴制配合公差带

基孔制配合和基轴制配合是规定配合系列的基础。按照孔、轴公差带相对位置的不同，基孔制和基轴制都有间隙配合、过渡配合和过盈配合三类配合。

7.2　公差带的标准化

孔、轴配合的精度和配合的性质由公差带的大小与公差带的位置决定。国家标准用公差等级确定公差带的大小，用基本偏差确定公差带的位置。

7.2.1　公差带大小的标准化

公差带大小确定了允许尺寸的变化范围，它反映了尺寸的精度和加工的难易程度。为互换性需要，国家标准已对公差值进行标准化，标准中所规定的任一公差称为标准公差。由若干标准公差所组成的系列称为标准公差系列。标准公差的数值与两个因素有关：标准公差等级和基本尺寸分段。

（1）标准公差等级及其代号　公差等级是指确定尺寸精度的等级。

国家标准将基本尺寸至500mm的公差等级分为20级，由于我国的公差等级沿用了ISO标准，即国际公差IT（International Tolerance），所以按公差增大的顺序分别为IT01，IT0，IT1，IT2，…，IT18级。从IT01至IT18等级精度依次降低，相应的公差数值依次增大，加工越容易。

（2）标准公差因子　标准公差因子i是计算标准公差值的基本单位，也是制定标准公差系列表的基础。经过切削加工试验和统计分析，在常用尺寸段内，加工误差与被加工零件的直径呈立方抛物线的关系，所以当$D \leqslant 500$mm时，标准公差因子的计算式为：

$$i = 0.45 \sqrt[3]{D} + 0.001D \tag{7-16}$$

式中，D的单位为mm，i的单位为μm。

当尺寸较大时，由于温度的变化而使材料产生的线性变化是引起误差的主要原因，所以，当零件尺寸大于500～3150mm时，其公差单位I的计算式为：

$$I = 0.004D + 2.1 \tag{7-17}$$

式中，D的单位为mm，I的单位为μm。

（3）标准公差值的确定方法　由于公差主要是用于控制加工误差的，所以制定公差的基础，就是从加工误差产生的规律出发，由试验统计得到的公差计算表达式为：

$$T = ai \text{ 或 } T = aI \tag{7-18}$$

式中，a为公差等级系数，不同公差等级，不同尺寸段a值不同；i，I为标准公差因子（其中i用于500mm以下，I用于大于500mm时）；D为基本尺寸（mm）。

标准公差IT01～IT4级的公差值主要考虑测量误差等影响，通过标准公差计算公式（表7-1）求得。IT5～IT18的公差等级系数，在实际生产中不需要计算，查表7-2即可。

表7-1　IT01～IT4标准公差计算公式（基本尺寸≤500mm）

标准公差等级	标准公差计算公式/μm	标准公差等级	标准公差计算公式/μm
IT01	$0.3 + 0.008D$	IT2	$IT1 \times (IT5/IT1)^{1/4}$
IT0	$0.5 + 0.012D$	IT3	$IT1 \times (IT5/IT1)^{1/2}$
IT1	$0.8 + 0.020D$	IT4	$IT1 \times (IT5/IT1)^{3/4}$

表7-2　IT5～IT18公差等级系数（基本尺寸≤3150mm）

公差等级	IT5	IT6	IT7	IT8	IT9	IT10	IT11	IT12	IT13	IT14	IT15	IT16	IT17	IT18
a	7	10	16	25	40	64	100	160	250	400	640	1000	1600	2500

从表7-2中可见，公差等级系数a是按优先数系或其派生系产生的，具有很强的规律性。

（4）标准公差数值　在基本尺寸和公差等级系数确定的情况下，根据标准公差计算公式计算并圆整得到相应的标准公差数值。尺寸≤500mm 的标准公差值见表 7-3 所示，在生产实践中，规定零件的尺寸公差时，可直接从此表数值中选取，不必另行计算。

表 7-3　标准公差数值摘录

公差等级	IT01	IT0	IT1	IT2	IT3	IT4	IT5	IT6	IT7	IT8	IT9	IT10	IT11	IT12	IT13	IT14	IT15	IT16	IT17	IT18
≤3	0.3	0.5	0.8	1.2	2	3	4	6	10	14	25	40	60	0.1	0.14	0.25	0.4	0.6	1	1.4
>3~6	0.4	0.6	1	1.5	2.5	4	5	8	12	18	30	48	75	0.12	0.18	0.3	0.48	0.75	1.2	1.8
>6~10	0.4	0.6	1	1.5	2.5	4	6	9	15	22	36	58	90	0.15	0.22	0.36	0.58	0.9	1.5	2.2
>10~18	0.5	0.8	1.2	2	3	5	8	11	18	27	43	70	110	0.18	0.27	0.43	0.7	1.1	1.8	2.7
>18~30	0.6	1	1.53	2.5	4	6	9	13	21	33	52	84	130	0.21	0.33	0.52	0.84	1.3	2.1	3.3
>30~50	0.6	1	1.5	2.5	4	7	11	16	25	39	62	100	160	0.25	0.39	0.62	1	1.6	2.5	3.9
>50~80	0.8	1.2	2	3	5	8	13	19	30	46	74	120	190	0.3	0.46	0.74	1.2	1.9	3	4.6
>80~120	1	1.5	2.5	4	6	10	15	22	35	54	87	140	220	0.35	0.54	0.87	1.4	2.2	3.5	5.4
>120~180	1.2	2	3.5	5	8	12	18	25	40	63	100	160	250	0.4	0.63	1	1.6	2.5	4	6.3
>180~250	2	3	4.5	7	10	14	20	29	46	72	115	185	290	0.46	0.72	1.15	1.85	2.9	4.6	7.2
>250~315	2.5	4	6	8	12	16	23	32	52	81	130	210	320	0.52	0.81	1.3	2.1	3.2	5.2	8.1
>315~400	3	5	7	9	13	18	25	36	57	89	140	230	360	0.57	0.89	1.4	2.3	3.6	5.7	8.9
>400~500	4	6	8	10	15	20	27	40	63	97	155	250	400	0.63	0.97	1.55	2.5	4	6.3	9.7

从表 7-3 中可以看出：基本尺寸越大，公差值也越大。公差是用于控制误差的，误差是指一批零件上某尺寸的实际变动量。因此，制定的公差值应反映误差的规律。

（5）尺寸分段　根据标准公差计算式，每有一个基本尺寸就应该有一个相对应的公差值，这会使公差表格非常庞大，既不实用，也无必要。为了简化公差表格，便于使用，国家标准对基本尺寸进行了分段。对同一尺寸分段内的所有基本尺寸，其标准公差因子都相同。在同一尺寸分段内。按首尾两个尺寸（D_1 和 D_2）的几何平均值作为 D 值（$D=\sqrt{D_1+D_2}$）代入式（7-16）～式（7-18）中计算公差值。

7.2.2　公差带位置的标准化

基本偏差是用以确定公差带相对于零线位置的上偏差或下偏差，一般指靠零线最近的那个偏差。也就是说，当公差带在零线以上时，规定下偏差（EI 或 ei）为基本偏差；当公差带在零线以下时，规定上偏差（ES 或 es）为基本偏差。设置基本偏差为了将公差带相对于零线的位置标准化，以满足各种不同配合的需要，满足生产标准化的要求。标准化的基本偏差组成基本偏差系列。

7.2.2.1　基本偏差代号及其特点

GB/T 1800.2—2009 对孔和轴分别规定了 28 种基本偏差，其代号用拉丁字母表示，大写代表孔，小写代表轴。孔和轴的各 28 个基本偏差代号反映了 28 种公差带的位置，构成了基本偏差系列，如图 7-11 所示。

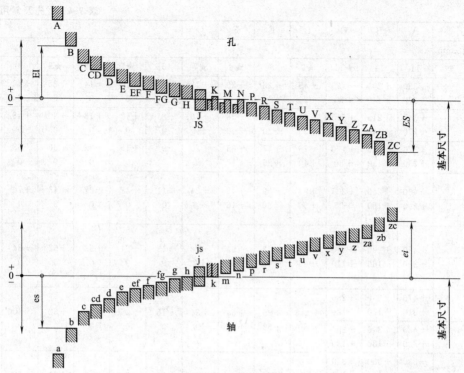

图 7-11　基本偏差系列示意图

在基本偏差系列图中，仅画出了公差带属于基本偏差一端的界线，另一端是开口的，它取决于公差带的标准公差等级。因此，任何一个公差带都是用基本偏差代号和标准公差等级数字表示，如孔公差带 H8、N7，轴公差带 h7、g6 等。

基本偏差系列具有以下特点。

① 孔的基本偏差中，A～H 的基本偏差为下偏差 EI，其绝对值依次逐渐减小，J～ZC 的基本偏差为上偏差 ES，其绝对值依次逐渐增大。同样，在轴的基本偏差中；a～h 的基本偏差为上偏差 es，j～zc 的基本偏差为下偏差 ei。

② JS 和 js 为完全对称偏差，在各个公差等级中完全对称于零线分布，因此其上偏差 +IT/2 或下偏差 −IT/2 均可为基本偏差。

③ H 和 h 的基本偏差均为零，即 H 的下偏差 $EI=0$，h 的上偏差 $es=0$。H 代表基准孔，h 代表基准轴。

7.2.2.2　基本偏差的数值

轴的基本偏差数值是以基孔制配合为基础，按照各种配合性质经过理论计算、实验和统计分析得出的一系列数值。孔的基本偏差是由轴的基本偏差数值通过一定规则换算得出的。GB1800.3—2009 中列出了由上述方法得到的轴与孔的基本偏差数值。

当基本偏差确定后，按公差等级确定标准公差 IT，另一极限偏差即可按下列关系式计算：

孔　　　　　　　　A～H：$ES=EI+IT$；J～ZC：$EI=ES-IT$　　　　　　　　　(7-19)

轴　　　　　　　　a～h：$es=ei+IT$；j～zc：$ei=es-IT$　　　　　　　　　(7-20)

在实际应用中，孔与轴的极限偏差值可直接查阅国际标准的相关规定，优先及常用配合中孔与轴的极限偏差值如表 7-4、表 7-5 所示。

表 7-4 优先及常用配合孔

代号		A	B	C	D	E	F	G						H
公称尺寸/mm														公差
大于	至	11	11	★11	★9	8	★8	★7	6	★7	★8	★9	10	★11
—	3	+330/+270	+200/+140	+120/+60	+45/+20	+28/+14	+20/+6	+12/+2	+6/0	+10/0	+14/0	+25/0	+40/0	+60/0
3	6	+345/+270	+215/+140	+145/+70	+60/+30	+38/+20	+28/+10	+16/+4	+8/0	+12/0	+18/0	+30/0	+48/0	+75/0
6	10	+370/+280	+240/+150	+170/+80	+76/+40	+47/+25	+35/+13	+20/+5	+9/0	+15/0	+22/0	+36/0	+58/0	+90/0
10	14	+400/+290	+260/+150	+205/+95	+93/+50	+59/+32	+43/+16	+24/+6	+11/0	+18/0	+27/0	+43/0	+70/0	+110/0
14	18	+400/+290	+260/+150	+205/+95	+93/+50	+59/+32	+43/+16	+24/+6	+11/0	+18/0	+27/0	+43/0	+70/0	+110/0
18	24	+430/+300	+290/+160	+240/+110	+117/+65	+73/+40	+53/+20	+28/+7	+13/0	+21/0	+33/0	+52/0	+84/0	+130/0
24	30	+430/+300	+290/+160	+240/+110	+117/+65	+73/+40	+53/+20	+28/+7	+13/0	+21/0	+33/0	+52/0	+84/0	+130/0
30	40	+470/+310	+330/+170	+280/+120	+142/+80	+89/+50	+64/+25	+34/+9	+16/0	+25/0	+39/0	+62/0	+100/0	+160/0
40	50	+480/+320	+340/+180	+290/+130	+142/+80	+89/+50	+64/+25	+34/+9	+16/0	+25/0	+39/0	+62/0	+100/0	+160/0
50	65	+530/+340	+380/+190	+330/+140	+174/+100	+106/+60	+76/+30	+40/+10	+19/0	+30/0	+46/0	+74/0	+120/0	+190/0
65	80	+550/+360	+390/+200	+340/+150	+174/+100	+106/+60	+76/+30	+40/+10	+19/0	+30/0	+46/0	+74/0	+120/0	+190/0
80	100	+600/+380	+440/+220	+390/+170	+207/+120	+126/+72	+90/+36	+47/+12	+22/0	+35/0	+54/0	+87/0	+140/0	+220/0
100	120	+630/+410	+460/+240	+400/+180	+207/+120	+126/+72	+90/+36	+47/+12	+22/0	+35/0	+54/0	+87/0	+140/0	+220/0
120	140	+710/+460	+510/+260	+450/+200	+245/+145	+148/+85	+106/+43	+54/+14	+25/0	+40/0	+63/0	+100/0	+160/0	+250/0
140	160	+770/+520	+530/+280	+460/+210	+245/+145	+148/+85	+106/+43	+54/+14	+25/0	+40/0	+63/0	+100/0	+160/0	+250/0
160	180	+830/+580	+560/+310	+480/+230	+245/+145	+148/+85	+106/+43	+54/+14	+25/0	+40/0	+63/0	+100/0	+160/0	+250/0
180	200	+950/+660	+630/+340	+530/+240	+285/+170	+172/+100	+122/+50	+61/+15	+29/0	+46/0	+72/0	+115/0	+185/0	+290/0
200	225	+1030/+740	+670/+380	+550/+260	+285/+170	+172/+100	+122/+50	+61/+15	+29/0	+46/0	+72/0	+115/0	+185/0	+290/0
225	250	+1110/+820	+710/+420	+570/+280	+285/+170	+172/+100	+122/+50	+61/+15	+29/0	+46/0	+72/0	+115/0	+185/0	+290/0
250	280	+1240/+920	+800/+480	+620/+300	+320/+190	+191/+110	+137/+56	+69/+17	+32/0	+52/0	+81/0	+130/0	+210/0	+320/0
280	315	+1370/+1050	+860/+540	+650/+330	+320/+190	+191/+110	+137/+56	+69/+17	+32/0	+52/0	+81/0	+130/0	+210/0	+320/0
315	355	+1560/+1200	+960/+600	+720/+360	+350/+210	+214/+125	+151/+62	+75/+18	+36/0	+57/0	+89/0	+140/0	+230/0	+360/0
355	400	+1710/+1350	+1040/+680	+760/+400	+350/+210	+214/+125	+151/+62	+75/+18	+36/0	+57/0	+89/0	+140/0	+230/0	+360/0
400	450	+1900/+1500	+1160/+760	+840/+440	+385/+230	+232/+135	+165/+68	+83/+20	+40/0	+63/0	+97/0	+155/0	+250/0	+400/0
450	500	+2050/+1650	+1240/+840	+880/+480	+385/+230	+232/+135	+165/+68	+83/+20	+40/0	+63/0	+97/0	+155/0	+250/0	+400/0

注：带"★"者为优先选用的，其他为常用的。

的极限偏差数值表（摘录）

等级 12	JS 7	K ★7	M 7	N ★7	P ★7	R 7	S ★7	T 7	U ★7	V 7	X 7	Y 7	Z 7
+100 0	±5	0 −10	−2 −12	−4 −14	−6 −16	−10 −20	−14 −24	—	−18 −28	—	−20 −30	—	−26 −36
+120 0	±6	+3 −9	0 −12	−4 −16	−8 −20	−11 −23	−15 −27	—	−19 −31	—	−24 −36	—	−31 −43
+150 0	±7	+5 −10	0 −15	−4 −19	−9 −24	−13 −28	−17 −32	—	−22 −37	—	−28 −43	—	−36 −51
+180 0	±9	+6 −12	0 −18	−5 −23	−11 −29	−16 −34	−21 −39	—	−26 −44	—	−33 −51	—	−43 −61
								—		−32 −50	−38 −56	—	−53 −71
+210 0	±10	+6 −15	0 −21	−7 −28	−14 −35	−20 −41	−27 −48	—	−33 −54	−39 −60	−46 −67	−55 −76	−65 −86
								−33 −54	−40 −61	−47 −68	−56 −77	−67 −88	−80 −101
+250 0	±12	+7 −18	0 −25	−8 −33	−17 −42	−25 −50	−34 −59	−39 −64	−51 −76	−59 −84	−71 −96	−85 −110	−103 −128
								−45 −70	−61 −86	−72 −97	−88 −113	−105 −130	−127 −152
+300 0	±15	+9 −21	0 −30	−9 −39	−21 −51	−30 −60	−42 −72	−55 −85	−76 −106	−91 −121	−111 −141	−133 −163	−161 −191
						−32 −62	−48 −78	−64 −94	−91 −121	−109 −139	−135 −165	−163 −193	−199 −229
+350 0	±17	+10 −25	0 −35	−10 −45	−24 −59	−38 −73	−58 −93	−78 −113	−111 −146	−133 −168	−165 −200	−201 −236	−245 −280
						−41 −76	−66 −101	−91 −126	−131 −166	−159 −194	−197 −232	−241 −276	−297 −332
+400 0	±20	+12 −28	0 −40	−12 −52	−28 −68	−48 −88	−77 −117	−107 −147	−155 −195	−187 −227	−233 −273	−285 −325	−350 −390
						−50 −90	−85 −125	−119 −159	−175 −215	−213 −253	−265 −305	−325 −365	−400 −440
						−53 −93	−93 −133	−131 −171	−195 −235	−237 −277	−295 −335	−365 −405	−450 −490
+460 0	±23	+13 −33	0 −46	−14 −60	−33 −79	−60 −106	−105 −151	−149 −195	−219 −265	−267 −313	−333 −379	−408 −454	−503 −549
						−63 −109	−113 −159	−163 −209	−241 −287	−293 −339	−368 −414	−453 −499	−558 −604
						−67 −113	−123 −169	−179 −225	−267 −313	−323 −369	−408 −454	−503 −549	−623 −669
+520 0	±26	+16 −36	0 −52	−14 −66	−36 −88	−74 −126	−138 −190	−198 −250	−295 −347	−365 −417	−455 −507	−560 −612	−690 −742
						−78 −130	−150 −202	−220 −272	−330 −382	−405 −457	505 −557	−630 −682	−770 −822
+570 0	±28	+17 −40	0 −57	−16 −73	−41 −98	−87 −144	−169 −226	−247 −304	−369 −426	−454 −511	−569 −626	−709 −766	−879 −936
						−93 −150	−187 −244	−273 −330	−414 −471	−509 −566	−639 −696	−799 −856	−979 −1036
+630 0	±31	+18 −45	0 −63	−17 −80	−45 −108	−103 −166	−209 −272	−307 −370	−467 −530	−572 −635	−717 −780	−897 −960	−1077 −1140
						−109 −172	−229 −292	−337 −400	−517 −580	−637 −700	−797 −860	−977 −1040	−1227 −1290

表 7-5　优先及常用配合轴的极

代号		a	b	c	d	e	f	g					h
公称尺寸/mm													公　差
大于	至	11	11	★11	★9	8	★7	★6	5	★6	★7	8	★9	10
—	3	−270/−330	−140/−200	−60/−120	−20/−45	−14/−28	−6/−16	−2/−8	0/−4	0/−6	0/−10	0/−14	0/−25	0/−40
3	6	−270/−345	−140/−215	−70/−145	−30/−60	−20/−38	−10/−22	−4/−12	0/−5	0/−8	0/−12	0/−18	0/−30	0/−48
6	10	−280/−370	−150/−240	−80/−170	−40/−76	−25/−47	−13/−28	−5/−14	0/−6	0/−9	0/−15	0/−22	0/−36	0/−58
10	14	−290/−400	−150/−260	−95/−205	−50/−93	−32/−59	−16/−34	−6/−17	0/−8	0/−11	0/−18	0/−27	0/−43	0/−70
14	18	−290/−400	−150/−260	−95/−205	−50/−93	−32/−59	−16/−34	−6/−17	0/−8	0/−11	0/−18	0/−27	0/−43	0/−70
18	24	−300/−430	−160/−290	−110/−240	−65/−117	−40/−73	−20/−41	−7/−20	0/−9	0/−13	0/−21	0/−33	0/−52	0/−84
24	30	−300/−430	−160/−290	−110/−240	−65/−117	−40/−73	−20/−41	−7/−20	0/−9	0/−13	0/−21	0/−33	0/−52	0/−84
30	40	−310/−470	−170/−330	−120/−280	−80/−142	−50/−89	−25/−50	−9/−25	0/−11	0/−16	0/−25	0/−39	0/−62	0/−100
40	50	−320/−480	−180/−340	−130/−290	−80/−142	−50/−89	−25/−50	−9/−25	0/−11	0/−16	0/−25	0/−39	0/−62	0/−100
50	65	−340/−530	−190/−380	−140/−330	−100/−174	−60/−106	−30/−60	−10/−29	0/−13	0/−19	0/−30	0/−46	0/−74	0/−120
65	80	−360/−550	−200/−390	−150/−340	−100/−174	−60/−106	−30/−60	−10/−29	0/−13	0/−19	0/−30	0/−46	0/−74	0/−120
80	100	−380/−600	−220/−440	−170/−390	−120/−207	−72/−126	−36/−71	−12/−35	0/−15	0/−22	0/−35	0/−54	0/−87	0/−140
100	120	−410/−630	−240/−460	−180/−400	−120/−207	−72/−126	−36/−71	−12/−35	0/−15	0/−22	0/−35	0/−54	0/−87	0/−140
120	140	−460/−710	−260/−510	−200/−450	−145/−245	−85/−148	−43/−83	−14/−39	0/−18	0/−25	0/−40	0/−63	0/−100	0/−160
140	160	−520/−770	−280/−530	−210/−460	−145/−245	−85/−148	−43/−83	−14/−39	0/−18	0/−25	0/−40	0/−63	0/−100	0/−160
160	180	−580/−830	−310/−560	−230/−480	−145/−245	−85/−148	−43/−83	−14/−39	0/−18	0/−25	0/−40	0/−63	0/−100	0/−160
180	200	−660/−950	−340/−630	−240/−530	−170/−285	−100/−172	−50/−96	−15/−44	0/−20	0/−29	0/−46	0/−72	0/−115	0/−185
200	225	−740/−1030	−380/−670	−260/−550	−170/−285	−100/−172	−50/−96	−15/−44	0/−20	0/−29	0/−46	0/−72	0/−115	0/−185
225	250	−820/−1110	−420/−710	−280/−570	−170/−285	−100/−172	−50/−96	−15/−44	0/−20	0/−29	0/−46	0/−72	0/−115	0/−185
250	280	−920/−1240	−480/−800	−300/−620	−190/−320	−110/−191	−56/−108	−17/−49	0/−23	0/−32	0/−52	0/−81	0/−130	0/−210
280	315	−1050/−1370	−540/−860	−330/−650	−190/−320	−110/−191	−56/−108	−17/−49	0/−23	0/−32	0/−52	0/−81	0/−130	0/−210
315	355	−1200/−1560	−600/−960	−360/−720	−210/−350	−125/−214	−62/−119	−18/−54	0/−25	0/−36	0/−57	0/−89	0/−140	0/−230
355	400	−1350/−1710	−680/−1040	−400/−760	−210/−350	−125/−214	−62/−119	−18/−54	0/−25	0/−36	0/−57	0/−89	0/−140	0/−230
400	450	−1500/−1900	−760/−1160	−440/−840	−230/−385	−135/−232	−68/−131	−20/−60	0/−27	0/−40	0/−63	0/−97	0/−155	0/−250
450	500	−1650/−2050	−840/−1240	−480/−880	−230/−385	−135/−232	−68/−131	−20/−60	0/−27	0/−40	0/−63	0/−97	0/−155	0/−250

注：带"★"者为优先选用的，其他为常用的。

限偏差数值表（摘录）

等级

		js	k	m	n	p	r	s	t	u	v	x	y	z
★11	12	6	★6	6	★6	★6	6	★6	6	★6	6	6	6	6
0 −60	0 −100	±3	+6 0	+8 +2	+10 +4	+12 +6	+16 +10	+20 +14	—	+24 +18	—	+26 +20	—	+32 +26
0 −75	0 −120	±4	+9 +1	+12 +4	+16 +8	+20 +12	+23 +15	+27 +19	—	+31 +23	—	+36 +28	—	+43 +35
0 −90	0 −150	±4.5	+10 +1	+15 +6	+19 +10	+24 +15	+28 +19	+32 +23	—	+37 +28	—	+43 +34	—	+51 +42
0 −110	0 −180	±5.5	+12 +1	+18 +7	+23 +12	+29 +18	+34 +23	+39 +28	—	+44 +33		+51 +40	—	+61 +50
									—		+50 +39	+56 +45		+71 +60
0 −130	0 −210	±6.5	+15 +2	+21 +8	+28 +15	+35 +22	+41 +28	+48 +35	—	+54 +41	+60 +47	+67 +54	+76 +63	+86 +73
									+54 +41	+61 +48	+68 +55	+77 +64	+88 +75	+101 +88
0 −160	0 −250	±8	+18 +2	+25 +9	+33 +17	+42 +26	+50 +34	+59 +43	+64 +48	+76 +60	+84 +68	+96 +80	+110 +94	+128 +112
									+70 +54	+86 +70	+97 +81	+113 +97	+130 +114	+152 +136
0 −190	0 −300	±9.5	+21 +2	+30 +11	+39 +20	+51 +32	+60 +41	+72 +53	+85 +66	+106 +87	+121 +102	+141 +122	+163 +144	+191 +172
							+62 +43	+78 +59	+94 +75	+121 +102	+139 +120	+165 +146	+193 +174	+229 +210
0 −220	0 −350	±11	+25 +3	+35 +13	+45 +23	+59 +37	+73 +51	+93 +71	+113 +91	+146 +124	+168 +146	+200 +178	+236 +214	+280 +258
							+76 +54	+101 +79	+126 +104	+166 +144	+194 +172	+232 +210	+276 +254	+332 +310
0 −250	0 −400	±12.5	+28 +3	+40 +15	+52 +27	+68 +43	+88 +63	+117 +92	+147 +122	+195 +170	+227 +202	+273 +248	+325 +300	+390 +365
							+90 +65	+125 +100	+159 +134	+215 +190	+253 +228	+305 +280	+365 +340	+440 +415
							+93 +68	+133 +108	+171 +146	+235 +210	+277 +252	+335 +310	+405 +380	+490 +465
0 −290	0 −460	±14.5	+33 +4	+46 +17	+60 +31	+79 +50	+106 +77	+151 +122	+195 +166	+265 +236	+313 +284	+379 +350	+454 +425	+549 +520
							+109 +80	+159 +130	+209 +180	+287 +258	+339 +310	+414 +385	+499 +470	+604 +575
							+113 +84	+169 +140	+225 +196	+313 +284	+369 +340	+454 +425	+549 +520	+669 +640
0 −320	0 −520	±16	+36 +4	+52 +20	+66 +34	+88 +56	+126 +94	+190 +158	+250 +218	+347 +315	+417 +385	+507 +475	+612 +580	+742 +710
							+130 +98	+202 +170	+272 +240	+382 +350	+457 +425	+557 +525	+682 +650	+822 +790
0 −360	0 −570	±18	+40 +4	+57 +21	+73 +37	+98 +62	+144 +108	+226 +190	+304 +268	+426 +390	+511 +475	+626 +590	+766 +730	+936 +900
							+150 +114	+244 +208	+330 +294	+471 +435	+566 +530	+696 +660	+856 +820	+1036 +1000
0 −400	0 −630	±20	+45 +5	+63 +23	+80 +40	+108 +68	+166 +126	+272 +232	+370 +330	+530 +490	+635 +595	+780 +740	+960 +920	+1140 +1100
							+172 +132	+292 +252	+400 +360	+580 +540	+700 +660	+860 +820	+1040 +1000	+1290 +1250

7.3　公差带与配合的标注与优化

7.3.1　公差带与配合的标注

7.3.1.1　零件图中的标注

零件图中，一般有以下三种标注形式：

① 在基本尺寸后只标注公差带，如图 7-12（a）所示；

② 在基本尺寸后只标注上、下极限偏差，如图 7-12（b）所示；

③ 在基本尺寸后既标注公差带，又标注上、下极限偏差，如图 7-12（c）所示。

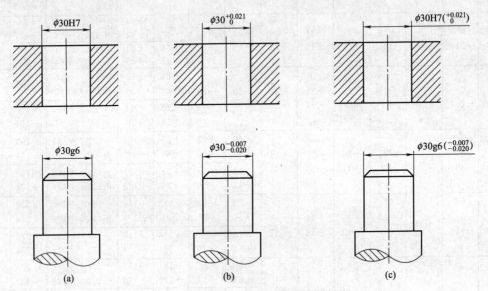

图 7-12　孔、轴公差带在零件图中的标注

7.3.1.2　装配图中的标注

在装配图中，配在基本尺寸后标注孔、轴公称带。国家标准规定孔、轴公差带写成分数形式，分子为孔公差带；分母为轴公差带，如图 7-13 所示。

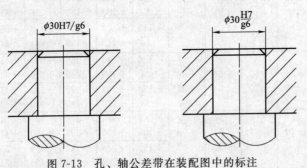

图 7-13　孔、轴公差带在装配图中的标注

7.3.2　公差带与配合的优化

国家标准规定的 20 个公差等级的标准公差和 28 个基本偏差可组合成 544 种轴公差带和

543 种孔公差带。这些孔、轴公差带相互组成的配合公差带的数量更大。如果这些孔、轴公差带和配合都投入使用，将造成公差表格庞大，定值刀具、量具的规格众多，这不仅不利于极限与配合的标准化，而且将给生产管理带来不便。因此，国家标准对尺寸 500mm 以下的孔、轴规定了一般、常用和优先公差带。

图 7-14 中，列出了轴的一般公差带 119 种，常用公差带（方框内）59 种，优先公差带（带★号）13 种。

图 7-15 中，列出了孔的一般公差带 105 种，常用公差带（方框内）44 种，优先公差带（带★号）13 种。

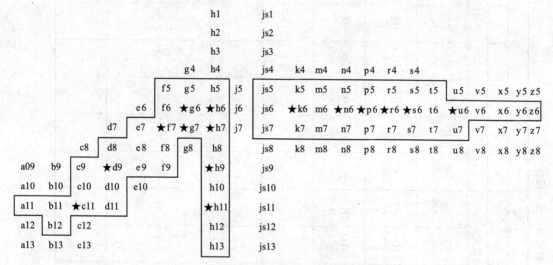

图 7-14　轴的一般、常用和优先公差带

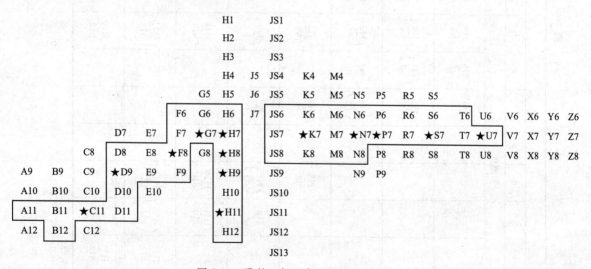

图 7-15　孔的一般、常用和优先公差带

在此基础上，国家标准又规定了基孔制常用配合 59 种，优先配合 13 种，如表 7-6 所示；基轴制常用配合 47 种，优先配合 13 种，如表 7-7 所示。

选用公差带或配合时，应按优先、常用、一般公差带的顺序选取。此外，为满足特殊需要，国家标准也允许采用两种基准制以外的非基准制配合，如 G8/n7 等。

表 7-6　基孔制常用、优先配合

基准孔	轴																				
	a	b	c	d	e	f	g	h	js	k	m	n	p	r	s	t	u	v	x	y	z
			间隙配合							过渡配合							过盈配合				
H6						$\frac{H6}{f5}$	$\frac{H6}{g5}$	$\frac{H6}{h5}$	$\frac{H6}{js5}$	$\frac{H6}{k5}$	$\frac{H6}{m5}$	$\frac{H6}{n5}$	$\frac{H6}{p5}$	$\frac{H6}{r5}$	$\frac{H6}{s5}$	$\frac{H6}{t5}$					
H7						$\frac{H7}{f6}$	$\left(\frac{H7}{g6}\right)$	$\left(\frac{H7}{h6}\right)$	$\frac{H7}{js6}$	$\left(\frac{H7}{k6}\right)$	$\frac{H7}{m6}$	$\left(\frac{H7}{n6}\right)$	$\left(\frac{H7}{p6}\right)$	$\frac{H7}{r6}$	$\left(\frac{H7}{s6}\right)$	$\frac{H7}{t6}$	$\left(\frac{H7}{u6}\right)$	$\frac{H7}{v6}$	$\frac{H7}{x6}$	$\frac{H7}{y6}$	$\frac{H7}{z6}$
H8					$\frac{H8}{e7}$	$\left(\frac{H8}{f7}\right)$	$\frac{H8}{g7}$	$\left(\frac{H8}{h7}\right)$	$\frac{H8}{js7}$	$\frac{H8}{k7}$	$\frac{H8}{m7}$	$\frac{H8}{n7}$	$\frac{H8}{p7}$	$\frac{H8}{r7}$	$\frac{H8}{s7}$	$\frac{H8}{t7}$	$\frac{H8}{u7}$				
H8				$\frac{H8}{d8}$	$\frac{H8}{e8}$	$\frac{H8}{f8}$		$\frac{H8}{h8}$													
H9			$\frac{H9}{c9}$	$\left(\frac{H9}{d9}\right)$	$\frac{H9}{e9}$	$\frac{H9}{f9}$		$\left(\frac{H9}{h9}\right)$													
H10			$\frac{H10}{c10}$	$\frac{H10}{d10}$				$\frac{H10}{h10}$													
H11	$\frac{H11}{a11}$	$\frac{H11}{b11}$	$\left(\frac{H11}{c11}\right)$	$\frac{H11}{d11}$				$\left(\frac{H11}{h11}\right)$													
H12		$\frac{H11}{b12}$						$\frac{H12}{h12}$													

注：括号内为优先配合。

表 7-7　基轴制常用、优先配合

基准轴	A	B	C	D	E	F	G	H	JS	K	M	N	P	R	S	T	U	V	X	Y	Z
	间隙配合								过渡配合				过盈配合								
h5						$\frac{F6}{h5}$	$\frac{G6}{h5}$	$\frac{H6}{h5}$	$\frac{JS6}{h5}$	$\frac{K6}{h5}$	$\frac{M6}{h5}$	$\frac{N6}{h5}$	$\frac{P6}{h5}$	$\frac{R6}{h5}$	$\frac{S6}{h5}$	$\frac{T6}{h5}$					
h6						$\frac{F7}{h6}$	$\left(\frac{G7}{h6}\right)$	$\left(\frac{H7}{h6}\right)$	$\frac{JS7}{h6}$	$\left(\frac{K7}{h6}\right)$	$\frac{M7}{h6}$	$\left(\frac{N7}{h6}\right)$	$\left(\frac{P7}{h6}\right)$	$\frac{R7}{h6}$	$\left(\frac{S7}{h6}\right)$	$\frac{T7}{h6}$	$\left(\frac{U7}{h6}\right)$				
h7					$\frac{E8}{h7}$	$\left(\frac{F8}{h7}\right)$		$\left(\frac{H8}{h7}\right)$	$\frac{JS8}{h7}$	$\frac{K8}{h7}$	$\frac{M8}{h7}$	$\frac{N8}{h7}$									
h8				$\frac{D8}{h8}$	$\frac{E8}{h8}$	$\frac{F8}{h8}$		$\frac{H8}{h8}$													
h9				$\left(\frac{D9}{h9}\right)$	$\frac{E9}{h9}$	$\frac{F9}{h9}$		$\left(\frac{H9}{h9}\right)$													
h10				$\frac{D10}{h10}$				$\frac{H10}{h10}$													
h11	$\frac{A11}{h11}$	$\frac{B11}{h11}$	$\left(\frac{C11}{h11}\right)$	$\frac{D11}{h11}$				$\left(\frac{H11}{h11}\right)$													
h12		$\frac{B12}{h12}$						$\frac{H12}{h12}$													

注：括号内为优先配合。

7.4 公差带与配合的选择

在机械设计中，确定了孔、轴的基本尺寸后，还需要进行尺寸精度设计，即正确地选用公差带与配合。选用的是否正确、合理对产品的使用性能、使用寿命和经济学将产生直接影响。

公差带与配合的选择主要包括基准制、公差等级和配合种类三个方面的选择。

7.4.1 基准制的选择

国家标准中规定了两种配合制：基孔制与基轴制。选择时应从结构、工艺和经济型等几方面来综合考虑确定。一般应遵循以下原则。

（1）优先选择基孔制　工艺上，现在广泛采用铰刀、拉刀等价格较贵的定值刀具加工中小尺寸孔，而加工轴则用车刀或砂轮就可加工出不同的尺寸。因此，采用基孔制可以减少定值刀具、量具的规格数量，降低成本，经济合理，使用方便。

（2）选用基轴制的情况　由于原材料和结构的原因，以下情况宜选用基轴制

① 精度不高的场合，用冷拉钢材做轴时；因本身的精度已满足要求，不需要再加工，宜采用基轴制。

② 在同一基本尺寸的轴上需要与几个零件孔配合，且分别具有不同的配合性质。否则，将会造成轴加工困难，甚至无法加工。

（3）根据标准件选择基准制　当设计的零件与标准件相配合时，基准制的选择应依标准件而定。例如，与滚动轴承内圈配的轴应选用基孔制，而与滚动轴承外圈配合的孔应选用基轴制。

（4）特殊情况下可采用混合配合　为了满足配合的特殊要求，允许采用任一孔、轴公差带组成的非基准制配合。

7.4.2 公差等级的选择

公差等级的高低直接影响产品使用性能和制造成本。公差等级太低，产品质量得不到保证；公差等级过高，又增加制造成本。因此，选择标准公差等级的原则是：在满足使用要求的前提下，尽可能采用精度较低的公差等级。

公差等级一般采用类比法来确定，选取时应考虑以下几方面因素。

（1）工艺等价原则　所谓工艺等价原则是指使相配合的孔和轴加工难易程度相当。一般而言，对精度要求较高的中小尺寸，孔比轴难加工，取孔比轴低一级精度；对精度要求较低和大尺寸，孔、轴加工难度相当，取同一级精度；对小尺寸，轴比孔难加工，可取轴比孔低一级。

（2）相配合的零件精度要匹配　如齿轮孔与轴的配合，它们的公差等级取决于齿轮的精度等级；与滚动轴承配合的轴、壳体孔的公差等级取决于滚动轴承的精度等级。

（3）配合性质　对过渡配合或过盈配合，一般要求间隙或过盈的变动量较小，应选较高的公差等级；对间隙配合，间隙小的公差等级应较小，间隙大的公差等级可较大。

表 7-8 为各种加工方法可能达到的公差等级范围，表 7-9 为公差等级的应用，表 7-10 为常用配合尺寸公差等级的应用，可供选择时参考。

表 7-8 各种加工方法可能达到的公差等级

加工方法	公差等级(IT)																
	01	0	1	2	3	4	5	6	7	8	9	10	11	12	13	14	15	16
研磨	√	√	√	√	√	√	√											
珩磨						√	√	√	√									
圆磨							√	√	√	√								
平磨							√	√	√	√								
金刚石车							√	√	√									
金刚石镗							√	√	√									
拉削							√	√	√									
铰孔								√	√	√	√	√						
车									√	√	√	√	√					
镗									√	√	√	√	√					
铣										√	√	√	√					
刨、插												√	√					
钻孔												√	√	√	√			
滚压、挤压												√	√					
冲压												√	√	√	√	√		
压铸													√	√	√	√		
粉末冶金成型								√	√	√								
粉末冶金烧结									√	√	√							
砂型铸造、气割																√	√	√
锻造															√	√		

表 7-9 公差等级的应用

应用	公差等级(IT)																		
	01	0	1	2	3	4	5	6	7	8	9	10	11	12	13	14	15	16	17	18
量块	√	√	√																
量规			√	√	√	√	√	√	√										
配合尺寸							√	√	√	√	√	√	√	√					
特别精密零件				√	√	√													
非配合尺寸														√	√	√	√	√	√	√
原材料公差										√	√	√	√	√	√				

表 7-10 常用配合尺寸 5~12 级的应用

公差等级	应　用
5 级	主要用在配合公差、几何公差要求很小的地方,它的配合性质稳定,一般在机床、发动机、仪表等重要部位应用。如与 5 级滚动轴承配合的箱体孔,与 6 级滚动轴承配合的机床主轴、机床尾座与套筒、精密机械及高速机械中轴径、精密丝杠轴径等
6 级	配合性质能达到较高的均匀性,如与 6 级滚动轴承相配合的孔、轴径,与齿轮、蜗轮、联轴器、带轮、凸轮等连接的轴径,机床丝杠轴径,摇臂钻立柱,机床夹具中导向件外径尺寸;6 级精度齿轮的基准孔,7、8 级精度齿轮基准轴径
7 级	7 级精度比 6 级稍低,应用条件与 6 级基本相似,在一般机械制造中应用较为普遍。如联轴器、带轮、凸轮等的孔径,机床夹盘座孔;夹具中固定钻套及可换钻套,7、8 级齿轮基准孔,9、10 级齿轮基准轴

续表

公差等级	应　用
8级	在机器制造中属于中等精度。如轴承座衬套沿宽度方向尺寸,9至12级齿轮基准孔,11至12级齿轮基准轴
9级、10级	主要用于机械制造中轴套外径与孔,操纵件与轴,空轴带轮与轴,单键与花键
11级、12级	配合精度很低,装配后可能产生很大间隙,适用于基本上没有什么配合要求的场合。如机床上法兰盘与止口,滑块与滑移齿轮,加工中工序间的尺寸,冲压加工的配合件,机床制造中的扳手孔与扳手座的连接

7.4.3　配合的选择

公差等级和基准制确定后,配合的选择主要是确定非基准轴或非基准孔公差带的位置,即选择非基准件基本偏差代号。选用时,首先弄清各种配合的特征,根据配合零件之间的相对运动情况确定配合类型,再根据工作条件确定非基准件基本偏差代号。

(1) 各种配合的特征

① 间隙配合　配合件之间有相对运动,装配后存在必要的间隙,常用于要求装拆方便的场合。

a～h(或 A～H)11 种基本偏差与基准孔(或基准轴)形成间隙配合;其间隙依次减小,最小间隙为零,是由 h(或 H)形成的配合。

② 过盈配合　配合件之间没有相对运动,装配后牢固结合在一起,没有间隙,主要用于传递扭矩或轴向力的不可拆结合。

p～zc(或 P～ZC)12 种基本偏差与基准孔(或基准轴)形成过盈配合,过盈量依次增大。其中由 p(或 P)形成的配合过盈量最小,个别公差等级的 p 可能形成过渡配合(如 H8/p7)。

③ 过渡配合　一批相互配合的零件中可能产生过盈,也可能产生间隙,主要用于定位精度要求高又便于装拆的结合。

js,j,k,m,n(或 JS,J,K,M,N)5 种基本偏差与基准孔(或基准轴)形成过渡配合,其中由 js(或 JS)形成的配合较松,一般具有平均间隙,此后配合依次变紧。

(2) 确定配合类型　根据配合零件间相对运动的情况确定配合类型。

① 零件间有相对运动(转动或滑动)时,应采用间隙配合。

② 零件间无相对运动时,若有键、销或外加紧固件时,可用间隙配合;若受力大或不需拆卸时,选用过盈配合或较紧过渡配合;若受力小且装拆频繁时,主要要求定位良好。选用较松的过渡配合。

确定配合类型后,应尽可能地选用优先配合,其次是常用配合,再次是一般配合。如仍不能满足要求,可以按孔、轴公差带组成相应的配合。

(3) 非基准件基本偏差代号的选择

选择方法有三种:计算法、试验法和类比法。

① 计算法　根据零件的材料、结构和功能要求,按照一定的理论公式的计算结果选择配合。当用计算法选择配合时,关键是确定所需的极限间隙或极限过盈量。按计算法选取比较科学。

② 试验法　通过模拟试验和分析选择最佳配合。按试验法选取配合最为可靠,但成本较高,一般只用于特别重要的、关键性配合的选取。

③ 类比法　将同类型机器或机构中，经过生产实践验证的配合的实例，结合所设计机器的使用情况，进行分析对比来确定所需配合的方法。类比法是目前应用最广的方法。

用类比法选择配合时，不应简单地搬用。首先要掌握各种配合的特征和应用场合，应尽量采用国家标准规定的优先和常用配合。表 7-11 为基本偏差选用说明，表 7-12 为小于500mm 基孔制常用和优先配合的特征及应用场合说明。

表 7-11　基本偏差选用说明

配合类型	基本偏差	特性与应用
间隙配合	a,b	可得到特大的间隙,应用很少
	c	可得到很大的间隙,一般适用于缓慢、松弛的动配合。用于工作条件较差(如农业机械)、受力变形、或为了便于装配而必须保证较大的间隙时,推荐配合为 H11/c11,其较高等级的 H8/c7 配合,适用于轴在高温工作的紧密配合,例如内燃机排气阀和导管
	d	一般用于 IT7 级~IT11 级,适用于松的转动配合,如密封盖、滑轮、空转皮带轮等与轴的配合;也适用大直径滑动轴承配合,如透平机、球磨机、轧滚成型和重型弯曲机以及其他重型机械中的一些滑动轴承
	e	多用于 IT7 级、IT8 级、IT9 级。通常用于要求有明显间隙,易于转动的轴承配合,如大跨距轴承、多支点轴承等配合。高等级的 e 轴适用于大的高速、重型支承,如涡轮发电机、大型电动机及内燃机主要轴承、凸轮轴轴承等配合
	f	多用于 IT6 级、IT7 级、IT8 级的一般转动配合。当温度影响不大时 .,被广泛用于普通润滑油(或润滑脂)润滑的支承,如齿轮箱、小电动机、泵的转轴与滑动轴承的配合
	g	配合间隙很小,制造成本高,除很轻负荷的精密装置外,不推荐用于转动配合。多用于 IT5 级、IT6 级、IT7 级,最适合不回转的精密滑动配合,也用于插销等定位配合,如精密连杆轴承、活塞及滑阀、连杆销等
	h	多用于 IT4 级~IT11 级。广泛用于无相对转动的零件,作为一般的定位配合。若没有温度、变形影响,也用于精密滑动配合
过渡配合	js	偏差完全对称(±IT/2),平均间隙较小的配合,多用于 IT4 级~IT7 级,要求间隙比 h 小,并允许略有过盈的定位配合。如联轴器、齿圈与钢制轮毂,可用木锤装配
	k	平均间隙接近于零的配合,适用于 IT4 级~IT7 级,推荐用于稍有过盈的定位配合。如为了消除振动用的定位配合,一般可用木锤装配
	m	平均过盈较小的配合,适用于 IT4 级~IT17 级,一般可用木锤装配,但在最大过盈时,要求有相当的压入力
	n	平均过盈比 m 轴稍大,很少得到间隙,适用于 IT4 级~7 级,用锤或压入机装配,通常推荐用于紧密的组件配合。H6/n5 配合时是过盈配合
过盈配合	p	与 H6 孔或 H7 孔配合时是过盈配合;与 H8 孔配合时则是过渡配合。对非铁类零件,为较轻地压入配合,需要时易于拆卸。与钢、铸铁或铜、钢组件形成的配合为标准压入配合
	r	对铁类零件为中等打入配合,对非铁类零件,为轻打入的配合,当需要时可以拆卸。与 H8 孔配合,直径在 100m 以上时为过盈配合,直径小时为过渡配合
	s	用于钢和铁制零件的永久性和半永久性装配,可产生相当大的结合力。当用弹性材料,如轻合金时,配合性质与铁类零件的 p 轴相当。例如套环压装在轴上、阀座等的配合。尺寸较大时,为了避免损伤配合表面,需用热胀或冷缩法装配
	t	过盈较大的配合。对钢和铸铁零件适于作永久性结合,不用键可传递力矩,需要热胀或冷缩法装配。例如联轴器与轴的配合
	u	这种配合过盈大,一般应验算在最大过盈时工件材料是否损坏,要用热胀或冷缩法装配。例如火车轮毂和轴的配合
	v,x,y,z	这些基本偏差所组成配合的过盈更大,目前使用的经验和资料还很少;须经试验后才能应用,一般不推荐

表 7-12　小于 500mm 基孔制常用和优先配合的特征及应用

配合类型	配合特征	配合代号	应　用
间隙配合	特大间隙	$\dfrac{H11}{a11}\dfrac{H11}{b11}\dfrac{H11}{b12}$	用于高温或工作时要求大间隙的配合
	很大间隙	$\left(\dfrac{H11}{c11}\right)\dfrac{H11}{d11}$	用于工作条件较差、受力变形或为了便于装配而需要大间隙的配合和高温工作的配合
	较大间隙	$\dfrac{H9}{c9}\dfrac{H10}{c10}\dfrac{H8}{d8}\left(\dfrac{H9}{d9}\right)$ $\dfrac{H10}{d10}\dfrac{H8}{e7}\dfrac{H8}{e8}\dfrac{H9}{e9}$	用于高速重载的滑动轴承或大直径的滑动轴承,也可用于大跨距或多支点支承的配合
	一般间隙	$\dfrac{H6}{f5}\dfrac{H7}{f6}\left(\dfrac{H8}{f7}\right)\dfrac{H8}{f8}\dfrac{H9}{f9}$	用于一般转速的动配合。当温度影响不大时,广泛应用于普通润滑油润滑的支承处
	较小间隙	$\left(\dfrac{H7}{g6}\right)\dfrac{H8}{g7}$	用于精密滑动零件或缓慢间歇回转零件的配合部位
	很小间隙和零间隙	$\dfrac{H6}{g5}\dfrac{H6}{h5}\left(\dfrac{H7}{h6}\right)\left(\dfrac{H8}{h7}\right)\dfrac{H8}{h8}$ $\left(\dfrac{H9}{h9}\right)\dfrac{H10}{h10}\left(\dfrac{H11}{h11}\right)\dfrac{H12}{h12}$	用于不同精度要求的一般定位件的配合和缓慢移动和摆动零件的配合
过渡配合	绝大部分有微小间隙	$\dfrac{H6}{js5}\dfrac{H7}{js6}\dfrac{H8}{js7}$	用于易于装拆的定位配合,或加紧固件后可传递一定静载荷的配合
	大部分有微小间隙	$\dfrac{H6}{k5}\left(\dfrac{H7}{k6}\right)\dfrac{H8}{k7}$	用于稍有振动的定位配合。加紧固件可传递一定载荷,装拆方便,可用木锤敲入
	大部分有微小过盈	$\dfrac{H6}{m5}\dfrac{H7}{m6}\dfrac{H8}{m7}$	用于定位精度较高且能抗振的定位配合。加键可传递较大载荷。可用铜锤敲入或力压入
	绝大部分有微小过盈	$\left(\dfrac{H7}{n6}\right)\dfrac{H8}{n7}$	用于精确定位或紧密组件的配合,加键能传递大力矩或冲击性载荷。只在大修时拆卸
	绝大部分有较小过盈	$\dfrac{H8}{p7}$	加键后能传递很大力矩,且能承受振动和冲击的配合、装配后不再拆卸
过盈配合	轻型	$\dfrac{H6}{n5}\dfrac{H6}{p5}\left(\dfrac{H7}{p6}\right)\dfrac{H6}{r5}\dfrac{H7}{r6}\dfrac{H8}{r7}$	用于精确的定位配合。一般不靠过盈传递力矩,要传递力矩需加紧固件
	中型	$\dfrac{H6}{s5}\left(\dfrac{H7}{s6}\right)\dfrac{H8}{s7}\dfrac{H6}{t5}\dfrac{H7}{t6}\dfrac{H8}{t7}$	不需加紧固件就可传递较小力矩和轴向力;加紧固件后可承受较大载荷或动载荷的
	重型	$\left(\dfrac{H7}{u6}\right)\dfrac{H8}{u7}\dfrac{H7}{v6}$	不需加紧固件就可传递和承受大力矩和动载荷的配合。要求零件材料具有高强度
	特重型	$\dfrac{H7}{x6}\dfrac{H7}{y6}\dfrac{H7}{z6}$	能传递和承受很大力矩和动载荷的配合,需经试验后方可应用

　　此外,还要考虑以下一些因素:工作时结合件间是否有相对运动,承受载荷情况,温度变化,润滑条件,装配变形,装拆情况,生产类型以及材料的物理、化学、力学性能等。根据具体条件不同,结合件配合的间隙量或过盈量必须相应地改变,表 7-13 可供类比时参考。

表 7-13　工作条件对间隙或过盈的影响

工作条件	间隙应增或减	过盈应增或减
材料许用压力小	—	减
经常拆卸	—	减
有冲击载荷	减	增
工作时孔的温度高于轴的温度(孔、轴材料相同)	减	增
工作时轴的温度高于孔的温度(孔、轴材料相同)	增	减

续表

工作条件	间隙应增或减	过盈应增或减
结合长度较大	增	减
配合表面形位误差大	增	减
零件装配时可能偏斜	增	减
有轴向运动	增	—
润滑油的黏度较大	增	—
表面粗糙	减	增
装配精度较高	增	减
装配精度较低	减	增

7.5　一般公差——线性尺寸的未注公差

　　线性尺寸的未注公差（　　）是指在普通加工工艺条件下，机床设备一般加工能力即可保证的公差，是正常维护和操作情况下可以达到的加工精度。一般公差主要用于低精度的非配合尺寸。

　　采用一般公差的尺寸，在车间正常生产能保证的条件下一般可以不检验，而主要由工艺装备和加工者自行控制。

7.5.1　一般公差的公差等级和极限偏差

　　按照 GB/T1804—2000 规定，线性尺寸的一般公差分为 f（精密级）、m（中等级）、c（粗糙级）和 v（最粗级）4 个公差等级，在基本尺寸 0.5mm～4000mm 范围内采用了 8 个大尺寸分段。各公差等级和尺寸分段内的极限偏差全部采用对称偏差值。线性尺寸的未注极限偏差数值见表 7-14，倒圆半径和倒角高度的极限偏差见表 7-15。

表 7-14　线性尺寸的未注极限偏差数值（摘自 GB/T 1804—2000）　　　mm

公差等级	尺寸分段							
	0.5～3	>3～6	>6～30	>30～120	>120～400	>400～1000	>1000～2000	>2000～4000
f（精密级）	±0.05	±0.05	±0.1	±0.15	±0.2	±0.3	±0.5	
m（中等级）	±0.1	±0.1	±0.2	±0.3	±0.5	±0.8	±1.2	±2
c（粗糙级）	±0.2	±0.3	±0.5	±0.8	±1.2	±2	±3	±4
v（最粗级）		±0.5	±1	±1.5	±2.5	±4	±6	±8

表 7-15　倒圆半径和倒角高度的极限偏差（摘自 GB/T 1804—2000）　　　mm

公差等级	尺寸分段			
	0.5～3	>3～6	>6～30	>30
f（精密级）	±0.2	±0.5	±1	±2
m（中等级）				
c（粗糙级）	±0.4	±1	±2	±4
v（最粗级）				

7.5.2　一般公差的图样表示法

　　采用一般公差的尺寸，在图样上只注基本尺寸，不注极限偏差，一般应在图样上或技术文件中用国家标准号和公差等级代号表示，两者之间用一短画线隔开。例如，选用精密级时，则表示为 GB/T 1804-f，这表明图样上凡未注公差的线性尺寸（包含倒圆半径与倒角高度）均按 f（精密级）加工和检验。

7.6 工艺尺寸链的计算

在机械设计和制造中，尺寸链是解决有联系的尺寸之间相互关系的有效工具。在零件结构设计以及加工工艺分析或装配工艺分析时，常会遇到相关尺寸、公差和技术要求的确定等问题，这些都可以利用尺寸链来解决。

7.6.1 尺寸链的定义、组成及分类

7.6.1.1 尺寸链的定义

在零件的加工和测量时，以及在机械设计和装配过程中，经常会遇到一些相互关联的尺寸组合。这种互相联系且按一定顺序排列的封闭尺寸组合称为尺寸链。尺寸链又分工艺尺寸链和装配尺寸链。工艺尺寸链是零件在加工过程中的各有关工艺尺寸所组成的尺寸链。装配尺寸链是在机械装配过程中，由所装配的零部件上的有关尺寸所组成的尺寸链。

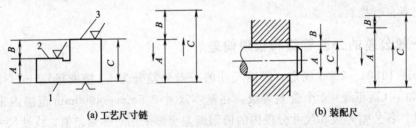

(a) 工艺尺寸链　　　　　　　　　(b) 装配尺

图 7-16　尺寸链

如图 7-16(a) 所示是一个工艺尺寸链的实例。该零件先以面 1 定位加工面 3，得到尺寸 C；再加工面 2，得尺寸 A。这样该零件在加工时并未直接予以保证的尺寸 B 就随之确定。尺寸 C-A-B 就构成一个封闭的尺寸组合，即形成了一个尺寸链。

如图 7-16(b) 所示是一个装配尺寸链的实例。将尺寸为 A 的轴装入尺寸为 C 的孔内，形成的间隙为尺寸 B，尺寸 C-A-B 就构成了一个装配尺寸链。

7.6.1.2 尺寸链的组成

组成尺寸链的每个尺寸称为环，根据环的特征，可分为封闭环和组成环，组成环又分为增环和减环。

（1）封闭环　封闭环是在加工或装配过程中最后（自然或间接）形成的环，如图 7-16 中的尺寸 B。

（2）组成环　组成环是尺寸链中除封闭环以外的各环都称为组成环。它是加工或装配时间接得到的尺寸。

（3）增环　增环是尺寸链中其余各环不变，当该环增大时，使封闭环也相应增大的组成环。如图 7-16 中的尺寸 C。

（4）减环　减环是尺寸链中其余各环不变，当该环增大时，使封闭环相应减小的组成环，如图 7-16 中的尺寸 A。

建立尺寸链时，首先应确定封闭环，再从封闭环一端起，依次画出有关直接得到的尺寸

作为组成环，直到尺寸的终端回到封闭环的另一端，形成一个封闭的尺寸链图。

为判断增环和减环，通常先给封闭环任意一个方向画上箭头，然后沿此方向环绕尺寸链依次给每一个组成环画出箭头。凡是组成环尺寸箭头方向与封闭环箭头方向相反的，均为增环，相同的为减环。

7.6.1.3 尺寸链的特性

尺寸链具有以下两个特性。

（1）封闭性 尺寸链必须是一组首尾相接的尺寸，并构成一个封闭图形，其中应包括一个间接得到的尺寸。不构成封闭图形的尺寸组不是尺寸链。

（2）关联性 组成尺寸链的各尺寸之间，存在着一定的关系，相互无关的尺寸不能组成尺寸链。尺寸链中每个组成环不是增环就是减环，其尺寸发生变化都要引起封闭环的尺寸变化。对尺寸链封闭环尺寸没有影响的尺寸，不是该尺寸链的组成环。

7.6.1.4 尺寸链的分类

① 按应用范围，可分为工艺尺寸链和装配尺寸链；

② 按各环所处空间位置，可分为直线尺寸链、平面尺寸链和空间尺寸链；

③ 按环的几何特征，可分为长度尺寸链和角度尺寸链。

由于在尺寸链计算中，直线尺寸链，即全部组成环平行于封闭环的尺寸链用得最多，故本节主要介绍直线尺寸链在工艺过程中的应用和求解。

7.6.2 尺寸链的计算方法

尺寸链计算有极值法和统计法两种。

7.6.2.1 极值法

极值法又叫极大极小值解法，是从尺寸链各环均处于极值条件来求解封闭环尺寸与组成环尺寸之间的关系。它是按误差综合后的两个最不利情况来计算封闭环极限尺寸的，即各增环皆为最大极限尺寸，而各减环皆为最小极限尺寸，或者各增环皆为最小极限尺寸，而各减环皆为最大极限尺寸的情况。这种计算方法是考虑各组成环同时出现极值，是一种很难出现的机会，因此比较保守，但计算比较简单，因此应用较为广泛。

极值法常用的计算公式如下。

（1）封闭环的基本尺寸 封闭环的基本尺寸等于各组成环基本尺寸的代数和：

$$A_0 = \sum_{i=1}^{n-1} A_i \tag{7-21}$$

式中 A_0——封闭环的基本尺寸；

A_i——组成环的基本尺寸；

n——尺寸链的总环数（包括封闭环和组成环）；

$n-1$——组成环的环数。

（2）组成环的公差 组成环的公差等于各组成环的公差之和：

$$T_0 = \sum_{i=1}^{n-1} T_i \tag{7-22}$$

式中 T_0——封闭环的公差；

T_i——组成环的公差。

（3）封闭环的上偏差　封闭环的上偏差等于所有增环的上偏差之和减去所有减环的下偏差之和：

$$ES_0 = \sum_{p=1}^{m} ES_p - \sum_{q=m+1}^{n-1} EI_q \tag{7-23}$$

式中　ES_0——封闭环的上偏差；

　　　ES_p——增环的上偏差；

　　　EI_q——减环的下偏差；

　　　m——增环环数。

（4）封闭环的下偏差　封闭环的下偏差等于所有增环的下偏差之和减去所有减环的上偏差之和：

$$EI_0 = \sum_{p=1}^{m} EI_p - \sum_{q=m+1}^{n-1} ES_q \tag{7-24}$$

式中　EI_0——封闭环的上偏差；

　　　EI_p——增环的上偏差；

　　　ES_q——减环的下偏差。

7.6.2.2　统计法

统计法是应用概率论原理来求解封闭环尺寸与组成环尺寸之间关系。这种方法适用于大批大量自动化生产及半自动化生产，以及组成环数较多、封闭环公差较小的装配过程。

概率法常用的计算公式如下：

（1）将极限尺寸换算成平均尺寸

$$A_\Delta = \frac{A_{\max} + A_{\min}}{2} \tag{7-25}$$

式中　　　A_Δ——平均尺寸；

　　　$A_{\max}$——最大极限尺寸；

　　　$A_{\min}$——最小极限尺寸。

（2）将极限偏差换算成中间偏差

$$\Delta = \frac{ES + EI}{2} \tag{7-26}$$

式中　Δ——平均尺寸；

　　　ES——上偏差；

　　　EI——下偏差。

（3）封闭环中间偏差的平方等于各组成环中间偏差平方之和：

$$T_{0Q} = \sqrt{\sum_{i=1}^{n-1} T_i^2} \tag{7-27}$$

式中　T_{0Q}——封闭环的平方公差。

7.6.3　工艺尺寸链的计算

工艺尺寸链是全部组成环为同一零件工艺尺寸所形成的尺寸链。这里所指的工艺尺寸是指在零件图纸上没有注出，而在加工过程中要用到的尺寸，或在检验时需要测量的尺寸，都称作工艺尺寸。工艺尺寸链的计算的主要任务是正确决定被加工零件的中间工艺尺寸与最终工艺尺寸及其公差。它与工艺路线的拟定、加工余量、工序尺寸及其公差有密切关系。同时，正确地分析与计算工艺尺寸链也是编制工艺规程不可缺少的内容。工艺尺寸链的计算可以分为如下三个方面。

① 在加工工艺过程中，当工艺基准与设计基准不重合时，需要进行基准的换算工作，以避免产生加工误差。

② 对零件毛坯表面进行加工时，根据要求的表面粗糙度与尺寸公差，必须划分几道工序或几次走刀，上道工序需要留出下道工序或下次走刀的余量，或需要确定中间工艺尺寸。

③ 对于同一尺寸方向上具有较多尺寸，加工定位基准需要进行多次转换的零件，工序尺寸相互联系的关系较复杂，确定工序尺寸，公差就需要从整个工艺过程的角度用工艺尺寸链来作综合计算。

7.6.3.1 基准不重合时工艺尺寸链的计算

在零件的加工过程中，由于工艺上的要求，即为了工艺定位、调整、加工和测量的方便，而使选择的工艺基准或测量基准与设计基准不重合，就必须进行尺寸换算，称作基准不重合时工艺尺寸的换算。这类计算在工艺尺寸链的计算是最基本、最常用的。下面通过实例来说明工艺尺寸的换算。

(1) 测量基准与设计基准不重合的尺寸换算

【例 7-3】 如图 7-17(a) 所示轴承座零件，除 B 面外，其他尺寸均已加工完毕，加工 B 面时为便于测量，以表明 A 为定位和测量基准，保证尺寸 $90^{+0.4}_{0}$ mm，求工序尺寸应为多少？

分析：绘制尺寸链图如图 7-17(b) 所示，其中 A_0 为封闭环，A_3 和 A_1 为增环，A_2 为减环。图示尺寸 A_0 不便测量，于是改为测量 A 到 B 间的尺寸 A_1，以间接保证设计尺寸 A_0。为此，必须求出工序尺寸 A_1。根据公式 (7-21) 得：

$$A_1 = 110\text{mm}$$

根据公式 (7-23) 和式 (7-24)，可得工序尺寸 A_1 的极限偏差：

$$ES(A_1) = +0.2\text{mm}$$
$$EI(A_1) = +0.1\text{mm}$$

因此 $A_1 = 110^{+0.2}_{+0.1}$ mm

按偏差入体原则标注 $A_1 = 110.2^{0}_{-0.1}$ mm

(2) 定位基准与设计基准不重合时的尺寸换算 在机械加工中，当定位基准与设计基准不重合时，为达到零件的原设计精度，也需要进行工艺尺寸换算。

【例 7-4】 图 7-18 表示了某零件高度方向的设计尺寸。生产上，按大批量生产采用调整法加工 A、B、C 面。其工艺安排是前面工序加工 A、B 面（互为基准加工），

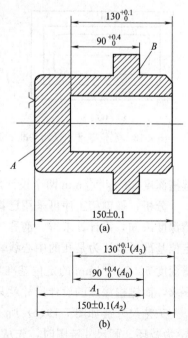

图 7-17 轴承座的尺寸

本工序以 A 面为定位基准加工 C 面。因为 C 面的设计基准是 B 面，定位基准与设计基准不重合，所以需要进行尺寸换算。尺寸链如图 7-18(b) 所示。在尺寸链中，因为调整法加工可直接保证的尺寸是 A_2，所以 A_0 只能间接保证。A_0 是封闭环，A_1 是增环，A_2 是减环。

在设计尺寸中，A_1 未标注公差（精度等级低于 IT13，允许不标注公差），A_2 需经计算才能得到。为了保证 A_0 的设计要求，按式（7-22），首先必须将 A_0 的公差分配给 A_1 和 A_2。这里按等公差法进行分配。

$$T_1 = T_2 = \frac{T_0}{2} = 0.035\text{mm}$$

按入体原则标注 A_1 的公差得

$$A_1 = 30^{0}_{-0.035}\text{mm}$$

按所确定的 A_1 的基本尺寸和偏差，由式（7-21）、式（7-23）和式（7-24）计算 A_2 的尺寸和偏差得：

$$A_2 = 18^{+0.035}_{0}\text{mm}$$

加工时，只要保证 A_1 和 A_2 的尺寸都在各自的公差范围之内，就能满足 $A_0 = 12^{0}_{-0.070}$mm 的设计要求。

从本例可以看出，A_1 和 A_2 本没有公差要求，但由于定位基准和设计基准不重合，就有了公差的限制，增加了加工的难度，封闭环公差愈小，增加的难度就愈大。

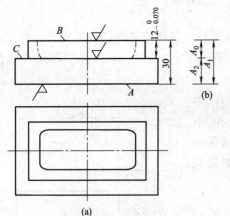

图 7-18 定位基准和设计基准不重合

7.6.3.2 中间工序尺寸及其公差的计算

有时零件的某些设计尺寸不仅受到表面最终加工时工序尺寸的影响，还与中间工序尺寸的大小有关，此时应以该设计尺寸为封闭环，求得中间工序尺寸的大小和偏差。根据工艺尺寸链解算中间工序尺寸及其公差也是基本的计算，应用较多。

【例 7-5】 一个带有键槽的内孔，其设计尺寸如图 7-19 所示。该内孔有淬火处理的要求，因此有如下工艺安排：

① 镗内孔到 $\phi 49.8^{+0.046}_{0}$mm；

② 插键槽；

③ 淬火处理；

④ 磨内孔，同时保证内孔直径 $\phi 50^{+0.030}_{0}$mm 和键槽深度 $53.8^{+0.30}_{0}$mm 两个设计尺寸的要求。

分析：插键槽工序可采用已镗孔的下切线为基准，用试切法保证插键槽深度。这里，键槽深度未知，需计算求得。磨孔工序应保证磨削余量均匀（可按已镗孔找正夹紧），因此其定位基准可以认为是孔的中心线。这样，孔 $\phi 50^{+0.030}_{0}$mm 的定位基准与设计基准重合，而键槽深度 $53.8^{+0.30}_{0}$mm 的定位基准与设计基准不重合。因此，磨孔可直接保证孔的设计尺寸要求，而键槽深度的设计尺寸就只能间接保证了。

工艺尺寸链如图 7-19(c) 所示，键槽深度的设计尺寸 A_0 为封闭环，A_2 和 A_3 为增环，A_1 为减环。画尺寸链图时，先从孔德中心线（定位基准）出发，画镗孔半径 A_1，再以镗孔下母线为基准画插键槽深度 A_2，以孔中心线为基准画磨孔半径 A_3，最后用键槽深度的设计尺寸 A_0 使尺寸链封闭。其中，$A_0 = 53.8^{+0.30}_{0}$mm，$A_1 = 24.9^{+0.023}_{0}$mm，$A_3 = 25^{+0.015}_{0}$mm，A_2 为待求尺寸。表 7-16 为该齿轮内孔键槽加工时尺寸链的列表计算，得齿轮内孔在拉键槽是深度的工序尺寸 $A_2 = 53.7^{+0.285}_{+0.023}$mm。

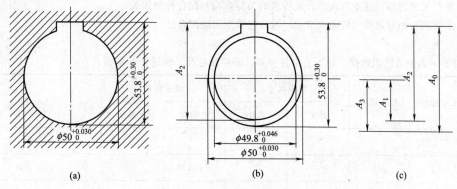

图 7-19　内孔插键槽工艺尺寸链

表 7-16　尺寸链的计算　　　　　　　　　　　　　　　　　mm

尺寸链环	基本尺寸	ES	EI
减环 A_1	−24.9	0	−0.023
增环 A_2	53.7	+0.285	+0.023
增环 A_3	25	+0.015	0
封闭环 A_0	53.8	+0.30	0

从本例中可以看出以下几点。

① 按设计要求键槽深度的公差范围是 $0 \sim 0.30\text{mm}$，但是键槽工序却只允许按 $0.023 \sim 0.285\text{mm}$ 的公差范围加工。究其原因，仍然是工艺基准与设计基准不重合。因此，在考虑工艺安排的时候，应尽量使工艺基准与设计基准重合，否则会增加制造难度。

② 正确地画出尺寸链图，并正确地判定封闭环是求解尺寸链的关键。画尺寸链图时，应按工艺顺序从第一个工艺尺寸的工艺基准出发，逐个画出全部组成环，最后用封闭环封闭尺寸链图。封闭环有如下特征：封闭环一定是工艺过程间接保证的尺寸；封闭环的公差值最大，它等于各组成环公差之和。

习题与思考题

1. 基本尺寸、极限尺寸、极限偏差和尺寸公差的含义是什么？它们之间的相互关系如何？在公差带图解上怎样表示？

2. 什么是标准公差？什么是基本偏差？它们与公差带有何联系？

3. 什么是基准制？为什么要规定基准制？在哪些情况下采用基轴制？

4. 间隙配合、过渡配合和过盈配合各适用于什么场合？配合的选择应考虑哪些因素？

5. 什么是一般公差？线性尺寸的一般公差规定几级精度？

6. 是非判断题
(1) 孔和轴的加工精度越高，其配合精度也越高。　　　　　　　　　　　　　（　　）
(2) 一般说来，零件的实际尺寸越接近基本尺寸越好。　　　　　　　　　　　（　　）
(3) 公差等级的选用应在保证使用要求的前提下，尽量选用较低的公差等级。　（　　）

（4）零件尺寸的加工成本取决于公差等级的高低，而与配合种类无关。　　　　　　（　　）

（5）零件间有相对运动（转动或滑动）时，应采用间隙配合。　　　　　　　　　　（　　）

7. 根据下表中的已知数据，填写表中各空格，并绘制各孔、轴的公差带图。

序号	尺寸标注	基本尺寸	极限尺寸		极限偏差		公差
			最大	最小	上偏差	下偏差	
1	$\phi 50^{+0.025}_{0}$						
2		$\phi 15$			$+0.018$		0.011
3			$\phi 40.009$				0.016
4		$\phi 100$		$\phi 99.983$			0.034

8. 图 7-20 所示的尺寸链中（图中 A_0、B_0、C_0、D_0 是封闭环），试分析哪些组成环是增环？哪些组成环是减环？

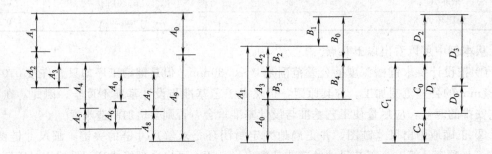

图 7-20　第 8 题图

9. 如图 7-21 所示为一轴套零件，尺寸 $38^{0}_{-0.1}$ mm 和 $8^{0}_{-0.05}$ mm 已加工好，图 7-21(b)、(c)、(d) 为钻孔加工时三种定位方案的简图。试计算三种定位方案的工序尺寸 A_1、A_2、A_3。

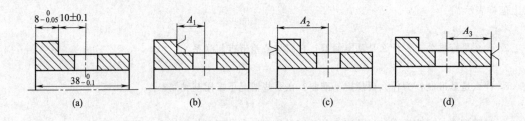

图 7-21　第 9 题图

10. 图 7-22 所示为轴承座零件，$\phi 30^{+0.03}_{0}$ mm 孔已加工好，现欲测量尺寸 80 ± 0.05mm。由于该尺寸不便直接测量，故改测尺寸 H。试确定尺寸 H 的大小和偏差。

11. 图 7-23 所示齿轮零件，试根据下述工艺方案标注各工序尺寸的公差：

① 车端面 1 和端面 4；

② 以端面 1 为轴向定位基准车端面 3；直接测量端面 4 和端面 3 之间的距离；

③ 以端面 4 为轴向定位基准车端面 2，直接测量端面 1 和端面 2 之间的距离。

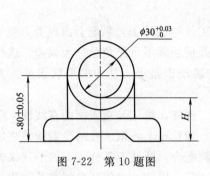

图 7-22　第 10 题图

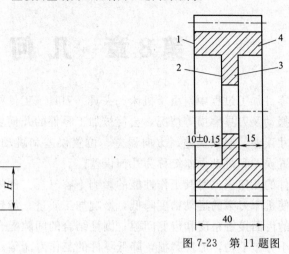

图 7-23　第 11 题图

第8章 几 何 公 差

在零件加工过程中，由于机床—夹具—刀具—工件构成的工艺系统会出现受力变形、热变形、振动及刀具磨损等情况，会使被加工零件的几何要素不可避免地产生误差。这些误差包括尺寸误差、形状误差、方向误差、位置误差和跳动误差等，其中的形状误差、方向误差、位置误差和跳动误差统称为几何误差。

零件的几何误差对其工作性能的影响不容忽视。例如，机床导轨表面的直线度、平面度误差会使机床刀架的运动精度降低，影响加工质量；齿轮箱上各轴承孔的位置误差将影响齿轮传动的齿面接触精度和齿侧间隙；圆柱结合的间隙配合，圆柱形零件表面的形状误差会使间隙大小分布不均，加快磨损，降低零件的工作寿命等。因此，为保证机械产品的质量和零件的互换性、经济性，必须对零件的几何误差加以限制，即规定零件的几何公差。

我国有关几何公差的最新国家标准有 GB/T 1182—2009《几何公差 形状、方向、位置和跳动误差标注》、GB/T 4249—2009《公差原则》、GB/T 16671—2009《几何公差 最大实体要求、最小实体要求和可逆要求》以及 GB/T 1958—2004《形状和位置公差 检测规定》等。

8.1 几何公差的特征项目及其符号

8.1.1 零件的几何要素

几何要素是指构成零件几何特征的点、线和面。几何公差研究的就是这些要素本身的形状精度和有关要素之间的相对位置精度问题。

几何要素可从不同角度分类。

(1) 按存在状态分

① 理想要素 具有几何学意义的要素，它们不存在任何误差。图样上表示的要素均为理想要素。

② 实际要素 零件上实际存在的要素。通常用测量得到的要素来代替实际要素。

(2) 按结构特征分

① 组成要素 构成零件外形的点、线、面各要素。

② 导出要素 组成要素对称中心所表示的点、线、面各要素，如圆心、球心、轴线和两平行平面的中心平面等，如图 8-1 所示。

(3) 按所处地位分

① 被测要素 在图样上给出了几何公差要求的要素，是检测的对象。

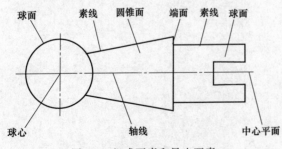

图 8-1 组成要素和导出要素

② 基准要素　用来确定被测要素方向或（和）位置的要素。

（4）按功能关系分

① 单一要素　仅对其本身给出形状公差要求的要素。

② 关联要素　与基准要素有功能关系并给出位置公差要求的要素。

8.1.2　几何公差的特征项目及其符号

国家标准规定的几何公差特征项目名称及符号如表 8-1 所列。

表 8-1　几何特征、符号及公差带定义

公差类型	几何特征	符号	有无基准	定　义
形状公差	直线度	——	无	直线度公差带（若有直径符号）为间距等于公差值 t 的两平行直线或平面或直径为公差值 ϕt 的圆柱面所限定的区域
	平面度	▱	无	平面度公差带为间距等于公差值 t 的两平行所限定的区域
	圆度	○	无	圆度公差带为在给定横截面内、半径差等于公差值 t 的两同心圆所限定的区域
	圆柱度	⌭	无	圆柱度公差带为半径差等于公差值 t 的两同轴圆柱面所限定的区域
	线轮廓度	⌒	无	无基准的线轮廓度公差带为直径差等于公差值 t、圆心位于具有理论正确几何形状上的一系列圆的两包络线所限定的区域
	面轮廓度	◠	无	无基准的面轮廓度公差带为直径等于公差值 t、球心位于被测要素理论正确几何形状上的一系列圆球的两包络面所限定的区域
方向公差	平行度	//	有	1. 线对基准体系的平行度公差带为间距等于公差值 t、平行于两基准面或平行于基准轴线且垂直于基准平面 B 的两平行平面所限定的区域 2. 线对基准线的平行度公差带（若有直径符号）为平行于基准轴线、直径等于公差值 ϕt 的圆柱面所限定的区域 3. 线对基准面的平行度公差带为平行于基准平面、间距等于公差值 t 的两平行平面所限定的区域 4. 面对基准线（或基准面）的平行度公差带为间距等于公差值 t、平行于基准轴线（或基准面）的两平行平面所限定的区域
	垂直度	⊥	有	1. 线（或面）对基准线的垂直度公差带为间距等于公差值 t 且垂直于基准轴线的两平行平面所限定的区域； 2. 线对基准体系的垂直度公差带为间距等于公差值 t 的两平行平面所限定的区域。该两平行平面垂直于基准平面 A 且垂直于基准平面 B； 3. 线对基准面的垂直度公差带（若有直径符号）为直径等于公差值 ϕt、轴线垂直基准平面的圆柱面所限定的区域； 4. 面对基准平面的垂直度公差带为间距等于公差值 t，且垂直于基准平面的两平行平面所限定的区域
	倾斜度	∠	有	1. 线（或面）对基准线（或基准面）的倾斜度公差带为间距等于公差值 t 的两平行平面所限定的区域，该两平行平面按给定角度倾斜与基准轴线（或基准平面）； 2. 线对基准体系的倾斜度公差带（若有直径符号）为直径等于公差值 ϕt 的圆柱面所限定的区域，该圆柱面公差带的轴线按给定角度倾斜于基准平面 A 且平行于基准平面 B
	线轮廓度	⌒	有	有基准的线轮廓度公差带为直径差等于公差值 t、圆心位于由基准平面 A 和基准平面 B 确定的被测要素理论正确几何形状上的一系列圆的两包络线所限定的区域
	面轮廓度	◠	有	有基准的面轮廓度公差带为直径等于公差值 t、球心位于由基准平面 A 确定的被测要素理论正确几何形状上的一系列圆球的两包络面所限定的区域

公差类型	几何特征	符号	有无基准	定　义
位置公差	位置度	⊕	有或无	1. 点的位置度公差带(若有球直径符号)为直径等于公差值 $S\phi t$ 的圆球面所限定的区域,该圆球面中心的理论正确位置由基准平面 A、B、C 和理论正确尺寸确定; 2. 线的位置度公差带为间距等于公差值 t 且对称于线的理论正确位置的两平行平面所限定的区域,线的理论正确位置由基准 A、B 和理论正确尺寸确定(公差只在一个方向上给定); 3. 线的位置度公差带(若有直径符号)为直径等于公差值 ϕt 的圆柱面所限定的区域,该圆柱面的轴线的位置由基准平面 A、B、C 和理论正确尺寸确定
	同心度(用于中心点)	◎	有	点的同心度公差带(若有直径符号)为直径等于公差值 ϕt 的圆周所限定的区域,该圆周的圆心与基准点重合
	同轴度(用于轴线)	◎	有	轴线的同轴度公差带(若有直径符号)为直径等于公差值 ϕt 的圆柱面所限定的区域,该圆柱面的轴线与基准轴线重合
	对称度	=	有	中心平面的对称度公差带为间距等于公差值 t,对称于基准中心平面的两平行平面所限定的区域
	线轮廓度	⌒	有	与方向公差定义相同
	面轮廓度	⌓	有	与方向公差定义相同
跳动公差	圆跳动	∕	有	1. 径向圆跳动公差带为任一垂直于基准轴线的横截面内、半径差等于公差值 t、圆心在基准轴线上的两同心圆所限定的区域; 2. 轴向圆跳动公差带为与基准轴线同轴的任一半径的圆柱截面上,间距等于公差值 t 的两圆所限定的区域
	全跳动	∕∕	有	1. 径向全跳动公差带为半径差等于公差值 t,与基准轴线同轴的两圆柱面所限定的区域; 2. 轴向全跳动公差带为间距等于公差值 t,垂直于基准轴线的两平行平面所限定的区域

8.1.3　几何公差带的形状与定义

8.1.3.1　几何公差带的形状

几何公差带是用来限制被测要素变动的区域。它是一个几何图形,只要被测要素完全落在给定的公差带内,就表示该要素的形状和位置符合要求。

几何公差带具有形状、大小、方向和位置四要素。公差带的形状由被测要素的理想形状和给定的公差特征项目所确定。常见的几何公差带的形状如图 8-2 所示。公差带的大小是由公差值 t 确定的,指的是公差带的宽度或直径。几何公差带的方向和位置有两种情况:标有基准的公差带的方向和位置一般是固定的。未标基准的公差带的方向和位置一般是浮动的。

8.1.3.2　几何公差带的定义

几何公差带的定义见表 8-1。

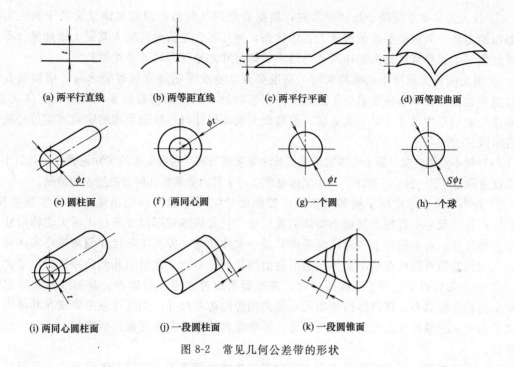

图 8-2 常见几何公差带的形状

8.2 几何公差与尺寸公差的关系

依据国标规定，同一被测要素既有几何公差要求，又有尺寸公差要求时，处理二者之间的关系应遵循公差原则，它分为独立原则和相关要求两大类。

8.2.1 独立原则

独立原则是指被测要素在图样上给出的几何公差与尺寸公差各自独立，分别满足要求的公差原则。

独立原则是几何公差与尺寸公差相互关系遵循的基本原则。

8.2.2 相关要求

相关要求是指几何公差与尺寸公差相互有关的公差要求。它分为包容要求、最大实体要求、最小实体要求和可逆要求。可逆要求不能单独采用，只能与最大实体要求或最小实体要求联合使用。

（1）包容要求　包容要求是指要求实际要素处处位于具有理想最大实体边界的包容面内，即实际要素应遵守最大实体边界。当实际尺寸处处为最大实体尺寸时，其几何公差为零；当实际尺寸偏离最大实体尺寸时，允许有几何误差存在，其允许值（即补偿值）等于实际尺寸偏离最大实体尺寸的偏离量；当实际尺寸处于最小实体尺寸时，允许的几何误差最大，其允许值（即补偿值）为尺寸公差值。

（2）最大实体要求　最大实体要求是指被测要素或（和）基准要素的实际轮廓处于其最大实体实效边界之内的一种公差要求。最大实体要求适用于导出要素有几何公差要求的情况。

① 最大实体要求应用于被测要素时，被测要素的几何公差值是在该要素处于最大实体状态时给定的。如被测要素偏离最大实体状态，则几何公差值允许增大其最大增加量（即最大补偿值）为该要素的最大实体尺寸与最小实体尺寸之差（即尺寸公差值）。

② 最大实体要求用于基准要素时，基准要素本身又要求遵守包容要求时，则被测要素的位置公差值是在该基准要素处于最大实体状态时给定的。如基准要素偏离最大实体状态，即基准要素的作用尺寸（单一或关联）偏离最大实体尺寸时，被测要素的定向或定位公差值允许增大。

（3）最小实体要求　最小实体要求是指被测要素或（和）基准要素的实际轮廓处于其最小实体实效边界之内的一种公差要求。最小实体要求适用于导出要素有几何公差要求的情况。

① 最小实体要求应用于被测要素时，被测要素实际轮廓不得超出最小实体实效边界，即其体内作用尺寸不得超出其最小实体实效尺寸，且其局部实际尺寸不超出最大实体尺寸和最小实体尺寸。若被测要素实际轮廓偏离其最小实体状态，即其实际尺寸偏离最小实体尺寸时，几何误差值可超出在最小实体状态下给出的几何公差值，此时的几何公差值可以增大。

② 最小实体要求应用于基准要素时，基准要素应遵守相互的边界。若基准要素的实际轮廓偏离相应的边界，即其体内作用尺寸偏离相应的边界尺寸，则允许基准要素在其体内作用尺寸与相应边界尺寸之差的范围内浮动。基准要素的浮动会改变被测要素相对于它的位置误差值。

（4）可逆要求　可逆原则是指在不影响零件功能的前提下，当被测轴线或中心平面的几何误差值小于给出的几何公差值时允许相应的尺寸公差增大的一种原则。它通常与最大实体原则、最小实体原则一起应用。

① 可逆原则用于最大实体原则　可逆原则用于最大实体原则时，被测要素的实际轮廓应遵守其最大实体实效边界。当实际尺寸偏离最大实体尺寸时，允许其几何公差值超出在最大实体状态下给出的几何公差值，即几何公差值可以增大，当其几何误差值小于给定的几何公差值时，也允许其实际尺寸超出最大实体尺寸，即尺寸公差值也可以增大。这种原则称为"可逆的最大实体原则"。

② 可逆原则用于最小实体原则　可逆原则用于最小实体原则时，被测要素的实际轮廓应遵守其最小实体实效边界。当实际尺寸偏离最小实体尺寸时，允许其几何公差值超出在最小实体状态下给出的几何公差值，即几何公差值可以增大，当其几何误差值小于给定的几何公差值时，也允许其实际尺寸超出最小实体尺寸，即尺寸公差值也可以增大。这种原则称为"可逆的最小实体原则"。

8.2.3　公差原则在图样上的标注

公差原则在图样上的标注如表 8-2 所示。

表 8-2　公差原则在图样上的标注

公差原则	独立原则	相关要求					
		包容要求		最大实体要求	最小实体要求	可逆要求	
		单一要素	关联要素			可逆的最大实体要求	可逆的最小实体要求
图样上的标注	不需要附加任何符号	尺寸极限偏差或公差带代号后加注Ⓔ	几何公差代号中加注Ⓔ	几何公差代号中加注Ⓜ	几何公差代号中加注Ⓛ	几何公差代号中加注ⓂⓇ	几何公差代号中加注ⓁⓇ

8.3 几何公差的标注与检测

8.3.1 几何公差的标注

国家标准 GB/T 1182—2008 规定采用代号来标注几何公差（当无法用代号标注时，允许在技术要求中用文字来说明）。几何公差代号由下列几部分组成：几何特征及符号、公差框格和指引线、公差数值和基准符号。

8.3.1.1 被测要素的标注方法

被测要素的几何公差采用公差框格标注。公差要求注写在划分成两格或多格的矩形框格内。各格自左至右顺序标注以下内容（常见样式如图 8-3 所示）：

第一格——几何特征符号（见表 8-1）；

第二格——公差值，以线性尺寸单位（mm）表示的量值。如果公差带为圆形或圆柱形，公差值前应加注符号"ϕ"；如果公差带为圆球形，公差值前应加注符号"Sϕ"；

第三格及以后——基准，如果有基准，则用一个字母表示单个基准或用几个字母表示公共基准或基准体系。

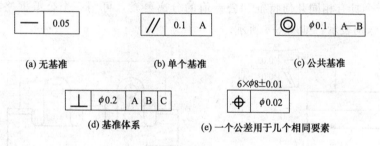

图 8-3 公差框格的常见样式

说明：被测要素和公差框格以指引线连接，指引线引自框格的任意一侧，终端带一箭头。如图 8-4 所示。

指引线的箭头应按以下方式与被测要素连接：

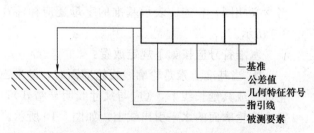

图 8-4 用指引线连接被测要素和公差框格

① 当公差涉及轮廓线或轮廓面时，箭头指向该要素的轮廓线或其延长线（应与尺寸线明显错开）；箭头也可指向带圆点的水平引出线，该点指在被测表面上，如图 8-5 所示。

② 当公差涉及要素的中心线、中心面或中心点时，箭头应位于相应尺寸线的延长线上，如图 8-6 所示。

③ 对某个要素给出几种几何特征的公差，可将一个公差框格放在另一个框格的下面，

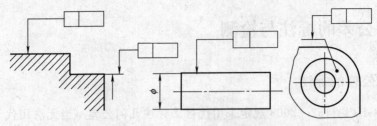

图 8-5　公差涉及组成要素时的标注

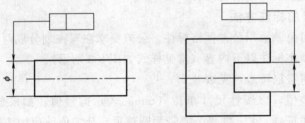

图 8-6　公差涉及导出要素时的标注

如图 8-7 所示。

④ 对若干个具有相同几何特征和公差值的分离要素，可用一个公差框格在一个指引线上分几个箭头分别表示，如图 8-8 所示。

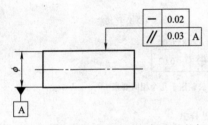

图 8-7　对某个要素给出几种几何公差的标注

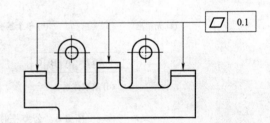

图 8-8　对若干个具有相同几何公差的分离要素

8.3.1.2　基准要素的标注方法

基准用一个大写字母表示。字母标注在基准方格内，与一个涂黑的或空白的三角形（二者含义相同）相连。表示基准的字母还应标注在公差框格内，如图 8-9 所示。

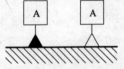

图 8-9　基准符号

基准符号应按如下规定放置：

① 当基准要素是轮廓线或轮廓面时，基准三角形放置在要素的轮廓线或其延长线上，（应与尺寸线明显错开）；基准三角形也可放置在该轮廓面的水平引出线上，如图 8-10 所示。

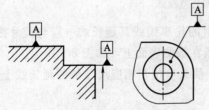

图 8-10　基准为组成要素时的标注

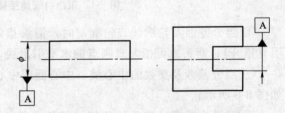

图 8-11　基准为导出要素时的标注

② 当基准是尺寸要素确定的轴线、中心平面或中心点时，基准三角形应放置在该尺寸线的延长线上；如果没有足够的位置标注基准要素尺寸的两个尺寸箭头，则其中一个箭头可用基准三角形代替，如图 8-11 所示。

③ 以单个要素作基准时，用一个大写字母表示；以两个要素建立公共基准时，用中间加连字符的两个大写字母表示；以两个或三个基准建立基准体系（即采用多基准）时，表示基准的大写字母按基准的优先顺序自左至右填写在各框格内，如图 8-12 所示。

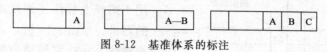

图 8-12　基准体系的标注

【例 8-1】 解释图 8-13 中标注的几何公差

根据图中的几何公差项目和基准的位置，各项解释如下：

① $\phi35$ 圆柱面轴线的直线度公差值为 $\phi0.003mm$。

具体含义为：$\phi35$ 外圆柱面的实际轴线应限定在直径等于 $\phi0.003$ 的圆柱面内。

② $\phi95$ 圆柱面的轴线相对于 $\phi35$ 圆柱面的轴线的同轴度公差值为 $\phi0.01mm$。

具体含义为：$\phi95$ 圆柱面的实际轴线应限定在直径等于 $\phi0.01mm$、以基准轴线 A 为轴线的圆柱面内。

③ 零件右端面相对于零件左端面的平行度公差值为 $0.012mm$。

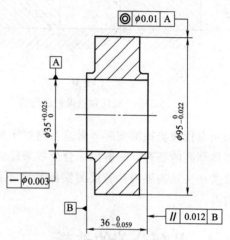

图 8-13　几何公差标注示例

具体含义为：实际表面应限定在间距等于 $0.012mm$、平行于基准 B 的两平行平面之间。

8.3.2　几何公差的检测原则

几何公差的检测方法很多，为了能正确合理地测量几何误差，在 GB/T 1958—2004 中，规定了几何误差的五种检测原则，并附有 2 类 14 项几何误差的检测方法。这些检测原则是各种检测方法的概括，可以根据这些原则，以及零件的特点和有关条件，确定出合理的检测方案和测量装置。

五种检测原则描述如下。

（1）与理想要素比较原则　与理想要素比较原则是指将被测实际要素与其理想要素相比较，量值由直接法或间接法获得。理想要素用模拟方法获得。例如用轮廓样板测量轮廓度误差，用刀口尺测量直线度，用圆度仪测头的回转轨迹测量圆度等。

（2）测量坐标值原则　测量坐标值原则是指用坐标测量装置（如三坐标测量机、工具显微镜等）测量被测实际要素的坐标值，并经过数据处理获得几何误差值。坐标值可以是直角坐标值、极坐标值和圆柱面坐标值等。

（3）测量特征参数原则　测量特征参数原则是指测量被测要素上具有代表性的参数（即特征参数）来近似表示该要素的几何误差，这类方法测量特征参数的原则。例如，以平面上任意方向的最大直线度误差来表示该平面的平面度误差；用两点法测量圆度误差，取最大、最小直径差之半作为圆度误差；在 V 形块上用三点法测量评定圆度误差等。

用该原则所得到的几何误差值与定义不相符合，只是一个近似值。但该原则可以简化测量过程和设备，不需复杂的数据处理，因此在满足功能要求的情况下，允许采用该原则进行检测。这种方法在生产现场用得较多。

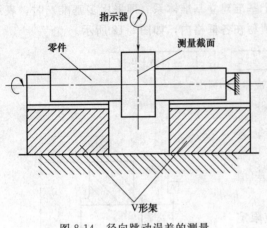

图 8-14　径向跳动误差的测量

（4）测量跳动的原则　跳动公差是按检测方法定义的，所以测量跳动的原则主要用于图样上标注了圆跳动或全跳动时误差的测量。如图 8-14 所示，用 V 形架模拟基准轴线，并对零件轴向限位。在被测要素绕基准要素回转一周的过程中，指示器最大与最小读数之差为该截面的径向圆跳动误差；若被测要素回转的同时，指示器缓慢地轴向移动，在整个过程中指示器最大读数与最小读数之差为该工件的径向全跳动误差。

（5）控制实效边界原则　控制实效边界原则是指检验被测实际要素是否超过实效边界，以判断合格与否。该原则只适用于应用最大实体原则的场合。一般用综合量规来检验。如被测实际要素能被综合量规通过，则被测实际要素在实效边界内；若被测实际要素不能被综合量规通过，则表示被测实际要素超越实效边界。

8.4　几何公差的选择

在对零件规定几何公差时，主要考虑的是：规定适当的公差项目、确定采用何种公差原则、给出公差数值，对位置公差还应给定测量基准等。

8.4.1　几何公差项目的选择

选择几何公差项目的原则是在保证零件几何精度要求的前提下，方法简便，几何公差项目尽可能少。

几何公差特征项目的选择可从以下几个方面考虑。

（1）零件的几何特征　零件几何特征不同，会产生不同的几何误差。如圆柱形零件会产生圆度、圆柱度误差；平面零件会产生平面度误差；阶梯轴、孔会产生同轴度误差；窄长平面会产生直线度误差；槽类零件会产生对称度误差等。

（2）零件的功能要求　根据零件不同的功能要求，应给定不同的几何公差项目。例如，为保证机床工作台或刀架运动轨迹的精度，需要对导轨规定直线度公差；为保证机床的回转精度和工作精度，需要对机床主轴箱轴颈规定圆柱度和同轴度公差；齿轮轴两孔轴线的不平行，将影响齿轮的正确啮合，降低承载能力，需要规定平行度公差；为使箱体、端盖等零件上各螺栓孔能顺利装配，需要规定孔组的位置度公差等。

（3）检测的方便性　在满足功能要求的前提下，要考虑到检测的方便性与经济性。例如，因为跳动误差检测方便，又能较好地控制相应的几何误差，所以对轴类零件可采用径向全跳动综合控制圆柱度、同轴度，用端面全跳动代替端面对轴线的垂直度。

8.4.2 公差原则和公差要求的选择

① 独立原则是处理几何公差与尺寸公差关系的基本原则，主要应用在以下场合。

a. 尺寸精度和几何精度要求都较严，并需分别满足要求。如齿轮箱体上的孔，为保证与轴承的配合和齿轮的正确啮合，要分别保证孔的尺寸精度和孔心线的平行度要求。

b. 尺寸精度与几何精度要求相差较大。如印刷机的滚筒、轧钢机的轧辊等零件，尺寸精度要求低，圆柱度要求高，应分别满足要求。

c. 为保证运动精度、密封性等特殊要求，单独提出与尺寸精度无关的几何公差要求。如机床导轨为保证运动精度，提出直线度要求，与尺寸精度无关。

d. 对于退刀槽、倒角等没有配合要求的结构尺寸。

e. 零件上的未注几何公差一律遵循独立原则。

运用独立原则时，需用通用计量器具分别检测零件的尺寸和几何误差，检测较不方便。

② 包容要求主要用于需要严格保证零件配合性质的场合，即保证配合件的极限间隙或极限过盈满足设计要求。如齿轮的内孔与轴的配合，需要严格地保证配合性质时，则内孔和轴颈都应采用包容要求。

选用包容要求时，可用光滑极限量规来检测实际尺寸和体外作用尺寸，检测方便。

③ 最大实体要求主要用于保证可装配性的场合。例如，用于穿过螺栓的通孔的位置度公差。

选用最大实体要求时，其实际尺寸用两点法测量，体外作用尺寸用功能量规（即位置量规）进行检验，其检测方法简单易行。

④ 最小实体要求主要用于需要保证零件的强度和最小壁厚等场合。

选用最小实体要求时，因其体内作用尺寸不可能用量规检测，一般采用测量壁厚或要素间的实际距离等近似方法。

最大实体要求和最小实体要求适用于导出要素。

⑤ 在不影响功能要求的情况下，可逆要求与最大（或最小）实体要求联用，能充分利用公差带，提高经济效益。

8.4.3 基准要素的选择

选择基准要素时，主要应根据零件的功能和设计要求，并兼顾零件结构特征和基准统一原则，通常可从以下几个方面来考虑。

（1）从功能要求考虑 应选择满足零件功能要求的主要方面作为基准。例如，对于旋转的轴件，常选用与轴承配合的轴颈表面或轴两端的中心孔作基准。

（2）从装配关系考虑 应选择零件相互配合、相互接触的表面作基准，以保证零件的正确装配。

（3）从加工工艺要求考虑 应选择零件加工时在夹具中定位的相应要素作基准。

（4）从测量要求考虑 应选择零件在测量、检验时在计量器具中定位的相应要素为基准。

（5）非加工表面的基准 当以非加工的毛坯面作为基准时，应采用基准目标建立基准，以保证过盈、检测的稳定性。

比较理想的基准是设计、加工、测量和装配基准是同一要素，也就是遵守基准统一原则。

8.4.4 几何公差等级和公差值的选择原则

几何公差等级的选择原则与尺寸公差等级的选择原则相同，即在满足零件使用要求的前提下，尽可能选用低的公差等级。除线、面轮廓度和位置度以外，国家标准对其余几何公差等级均作了规定。

确定几何公差等级的方法有类比法和计算法两种，一般多采用类比法，主要考虑零件的功能要求和加工经济型等因素。表 8-3～表 8-6 可供类比时参考。

表 8-3　直线度和平面度公差等级应用

公差等级	应用举例
5	1 级平板,2 级宽平尺,平面磨床的纵导轨、垂直导轨、立柱导轨及工作台,液压龙门刨床和转塔车床床身导轨,柴油机进气、排气阀门导杆
6	普通机床导轨面,如卧式车床、龙门刨床、滚齿机、自动车床等的床身导轨、立柱导轨,柴油机壳体
7	2 级平板,机床主轴箱,摇臂钻床底座和工作台,镗床工作台,液压泵盖,减速器壳体结合面
8	机床传动箱体,挂轮箱体,车床溜板箱体,柴油机汽缸体,连杆分离面,缸盖结合面,汽车发动机缸盖,曲轴箱结合面,液压管件和端盖连接面
9	3 级平板,自动车床床身底面,摩托车曲轴箱体,汽车变速箱壳体,手动机械的支承面

表 8-4　圆度和圆柱度公差等级应用

公差等级	应用举例
5	一般计量仪器主轴,测杆外圆柱面,陀螺仪轴颈,一般机床主轴轴颈及主轴轴承孔,柴油机、汽油机活塞、活塞销,与 E 级滚动轴承配合的轴颈
6	仪表端盖外圆柱面,一般机床主轴及前轴承孔,泵、压缩机的活塞,汽缸,汽油发动机凸轮轴,纺机锭子,减速传动轴轴颈,高速船用柴油机、拖拉机曲轴主轴颈,与 E 级滚动轴承配合的外壳孔,与 G 级滚动轴承配合的轴颈
7	大功率低速柴油机曲轴轴颈、活塞、活塞销、连杆、汽缸,高速柴油机箱体轴承孔,千斤顶或压力油缸活塞,机车传动轴,水泵及通用减速器转轴轴颈,与 G 级滚动轴承配合的外壳孔
8	低速发动机、大功率曲柄轴轴颈,压气机连杆盖、体,拖拉机汽缸、活塞,炼胶机冷铸轴辊,印刷机传墨辊,内燃机曲轴轴颈,柴油机凸轮轴承孔,凸轮轴,拖拉机、小型船用柴油机汽缸套
9	空气压缩机缸体,液压传动筒,通用机械杠杆与拉杆用套筒销子,拖拉机活塞环、套筒孔

表 8-5　平行度、垂直度和倾斜度公差等级应用

公差等级	应用举例
4,5	卧式车床导轨,重要支承面,机床主轴孔对基准的平行度,精密机床重要零件,计量仪器、量具、模具的基准面和工作面,主轴箱体重要孔,通用减速器壳体孔,齿轮泵的油孔端面,发动机轴和离合器的凸缘,汽缸支承端面,安装精密滚动轴承的壳体孔的凸肩
6,7,8	一般机床的基准面和工作面,压力机和锻锤的工作面,中等精度钻模的工作面,机床一般轴承孔对基准面的平行度,变速器箱体孔,主轴花键对定心直径部位轴线的平行度,重型机械轴承盖端面,卷扬机、手动传动装置中的传动轴,一般导轨,主轴箱孔,刀架,砂轮架,汽缸配各对基准轴线,活塞销孔对活塞中心线的垂直度,滚动轴承内、外圈端面对轴线的垂直度
9,10	低精度零件,重型机械滚动轴承端盖,柴油机、煤气发动机箱体曲轴孔、曲轴颈、花键轴和轴肩端面,皮带运输机端盖等端面对轴线的垂直度,手动卷扬机及传动装置中的轴承端面,减速器壳体平面

在确定几何公差值（公差等级）时，还应注意下列情况。

① 形状公差与位置公差的关系：在同一要素上给出的形状公差值应小于位置公差值。如要求平行的两个平面，其平面度公差值应小于平行度公差值。

表 8-6 同轴度、对称度和跳动公差等级应用

公差等级	应用举例
5,6,7	形位精度要求较高、尺寸公差等级为 IT8 及高于 IT8 的零件。5 级常用于机床轴颈，计量仪器的测量杆，汽轮机主轴，柱塞油泵转子，高精度滚动轴承外圈，一般精度滚动轴承内圈，回转工作台端面跳动。7 级用于内燃机曲轴、凸轮轴、齿轮轴，水泵轴，汽车后轮输出轴，电动机转子，印刷机传墨辊的轴颈，键槽，是应用范围较广的公差等级
8,9	形位精度要求一般，尺寸公差等级 IT9 至 IT11 的零件。8 级用于拖拉机发动机分配轴轴颈，与 9 级精度以下齿轮相配的轴，水泵叶轮，离心泵体，棉花精梳机前后滚子，键槽等。9 级用于内燃机汽缸套配合面，自行车中轴

② 形状公差与尺寸公差的关系：如圆柱形零件的形状公差（轴线直线度除外）一般应小于其尺寸公差值。

③ 形状公差与表面粗糙度的关系：通常表面粗糙度的 R_a 值可约占 20%～25% 形状公差值。

④ 对于下列情况，在满足功能要求的情况下，可适当降低 1～2 级选用。ⅰ 孔相对于轴；ⅱ 细长的孔或轴；ⅲ 距离较大的孔或轴；ⅳ 宽度较大（一般大于 1/2 长度）的零件表面；ⅴ 线对线、线对面相对于面对面的平行度、垂直度等。

⑤ 凡有关标准已对几何公差作出规定的，如与滚动轴承相配合的轴和壳体孔的圆柱度公差、矩形花键的键和槽的位置度公差及对称度公差等，都应按相应的标准确定。

8.5 未注公差的规定

国家标准几何公差中，对几何公差值分为注出公差和未注公差两类。对于几何公差要求不高，用一般的机械加工方法和加工设备都能保证加工精度，或由线性尺寸公差或角度公差所控制的几何公差已能保证零件的要求时，不必将几何公差在图样上注出，这样做既可以简化制图，又突出了注出公差的要求。图样上未注公差的要素，其几何精度按国家标准的相应规定执行。

习题与思考题

1. 几何公差特征共有几项？其名称和符号是什么？

2. 国家标准规定了哪些公差原则或要求？它们主要用在什么场合？

3. 选择几何公差包括哪些内容？什么情况下选用未注公差？

4. 几何公差带与尺寸公差带有何区别？几何公差带具有哪四个四要素？

5. 已知某零件的几何公差如图 8-15 中所示，试述其各项几何公差要求的含义。

6. 根据已知条件，用几何公差代号在图上作标注。

(1) ϕ75m6 轴线对 ％％c50H7 轴线的同轴度公差为 0.025；

(2) ϕ50H7 轴线对右端面的垂直度公差为 0.04。

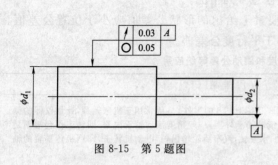

图 8-15　第 5 题图

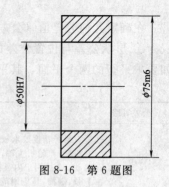

图 8-16　第 6 题图

第9章　表面粗糙度

在零件加工过程中，由于刀具与零件表面的摩擦、切削变形以及工艺系统的振动等多种因素的影响，零件表面存在几何形状误差。几何形状误差一般分为宏观几何形状误差、表面波纹度和表面粗糙度三类，如图 9-1 所示。通常按波距大小（相邻两波峰或相邻两波谷之间的距离）来划分：波距大于 10mm 的属于宏观几何形状误差；波距在 1～10mm 的属于表面波纹度；波距小于 1mm 的微观几何形状误差属于表面粗糙度。表面粗糙度反映了零件被加工表面由较小间距的峰和谷所组成的微观几何形状特性，表面粗糙度越小，则表面越光滑。

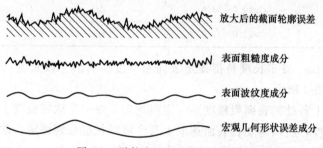

图 9-1　零件表面的几何形状误差

表面粗糙度对零件的使用性能有着重要的影响，尤其对在高温、高速、高压条件下工作的零件影响更大。它不仅会影响零件的耐磨性、强度、密封性和抗腐蚀性，还会影响配合性质的稳定性。对于间隙配合，配合表面经跑合被磨损后，扩大了实际间隙，改变了配合性质；对于过盈配合，由于装配时将微观凸峰挤平，减小了实际有效过盈，因此降低了零件间的连接强度。

因此，表面粗糙度是评定产品质量的重要指标，加工完成的零件，只有同时满足尺寸精度、几何精度和表面粗糙度的要求，才能保证零件几何参数的互换性。

我国国家标准对表面粗糙度的设计和使用进行了规范，现行的相关国家标准主要由 GB/T 3505—2009《表面结构 术语、定义及表面结构参数》，GB/T 1031—2009《表面结构 轮廓法 表面粗糙度参数及其数值》，GB/T131—2006《技术产品文件中表面结构的表示法》三个标准构成。

9.1　表面粗糙度的评定

在测量和评定表面粗糙度时，要确定取样长度、评定长度、中线和评定参数。

9.1.1　基本术语

（1）取样长度 L_r　取样长度是在判别表面粗糙度时所规定的一段长度，其方向与轮廓总的走向一致，其值如表 9-1 所示。规定取样长度的目的主要是限制和减弱表面波纹度对表面粗糙度测量结果的影响。取样长度范围内至少包含五个以上的轮廓峰和轮廓谷，并且表面越粗糙，取样长度应越大。一般情况下，推荐按表 9-2 选取取样长度值，此时取样长度值在标注中可以省略。

表 9-1 取样长度标准值

L_r/mm	0.08	0.25	0.8	2.5	8	25

表 9-2 L_r 和 L_n 的数值

Ra/μm	Rz/μm	L_r/mm	L_n/mm
$\geqslant 0.008 \sim 0.02$	$\geqslant 0.025 \sim 0.10$	0.08	0.4
$> 0.02 \sim 0.10$	$> 0.1 \sim 0.5$	0.25	1.25
$> 0.10 \sim 2.0$	$> 0.5 \sim 10.0$	0.8	4.0
$> 2.0 \sim 10.0$	$> 10.0 \sim 50.0$	2.5	12.5
$> 10.0 \sim 80.0$	$> 50.0 \sim 32.0$	8.0	40.0

（2）评定长度 L_n　评定长度是指评定表面粗糙度所需的一段长度，它可包括一个或几个取样长度，如图 9-2 所示。

由于被测表面上各处的表面粗糙度不一定很均匀，在一个取样长度上往往不能合理地反映被测表面的粗糙度，所以需要在表面选取上几个取样长度分别评定，取其平均值作为测量结果，国家标准推荐 $L_r = 5L_n$，如表 9-1 所示。对均匀性好的表面，可少于 5 个；反之，可多于 5 个。

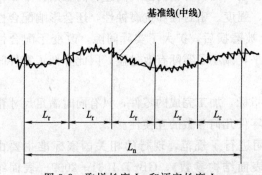

图 9-2 取样长度 L_r 和评定长度 L_n

（3）中线　中线是指评定表面粗糙度参数值大小的一条参考线。轮廓中线的几何形状与零件表面几何轮廓的走向一致，如表 9-1 所示。轮廓中线包括下列两种。

① 轮廓的最小二乘中线　轮廓的最小二乘中线是指具有几何轮廓形状并划分轮廓的基准线，在取样长度内，使轮廓线上各点到该线纵坐标值 $Z(x)$ 的平方和为最小。

② 轮廓的算术平均中线　轮廓的算术平均中线是指在取样长度内，与轮廓走向一致并划分实际轮廓为上、下两部分，且使上、下两部分的面积相等的基准线。

从理论上讲最小二乘中线是理想的基准线，但在轮廓图形上确定最小二乘中线的位置比较困难。算术平均中线与最小二乘中线相差很小，故常用目测估计法确定算术平均中线来代替最小二乘中线。

9.1.2　评定参数

国家标准规定的评定表面粗糙度的参数有幅度参数、间距参数、混合参数以及曲线和相关参数等。现简介几种常用的评定参数。

（1）幅度参数

① 轮廓的算术平均偏差 Ra　轮廓的算术平均偏差是指在一个取样长度内，轮廓上各点

至基准线纵坐标 $Z(x)$ 的绝对值的算术平均值。测得的 Ra 值越大，则表面越粗糙。Ra 参数能充分反映表面微观几何形状高度方面的特性，一般用电动轮廓仪进行测量，是普遍采用的评定参数。

② 轮廓的最大高度 Rz 轮廓的最大高度是指在一个取样长度内，最大轮廓峰高 Z_p 和最大轮廓谷深 Z_v 之和的高度。

③ 轮廓单元的平均线高度 Rc 轮廓单元是轮廓峰与轮廓谷的组合。轮廓单元的平均线高度是指在一个取样长度内，轮廓单元高度 Z_t 的平均值。

（2）间距参数——轮廓单元的平均宽度 RSm 轮廓单元的平均宽度是指在一个取样长度内，轮廓单元宽度 X_s 的平均值。RSm 值愈小，表示轮廓表面愈细密，密封性愈好。

（3）曲线和相关参数——轮廓的支承长度率 $Rmr(c)$ 轮廓的支承长度率是指在给定水平位置 c 上轮廓的实体材料长度 $M_l(c)$ 与评定长度的比率。当 c 一定时，$Rmr(c)$ 值愈大，则支承能力和耐磨性更好。需要指出的是，轮廓的支承长度率是在评定长度而非取样长度上定义的，这样提供的曲线和相关参数更趋稳定。

9.2 表面粗糙度的选用

表面粗糙度的选择包括参数项目的选择和参数数值的选择。

9.2.1 评定参数的选择

评定参数的选择首先应考虑零件使用功能的要求，其次应考虑检测的方便性及仪器设备条件等因素。

GB/T 3505—2009 规定的各种评定参数都可根据实际情况选用，其中轮廓的幅度参数（如 Ra 或 Rz）是必须标注的参数，而其他参数［如 RSm、$Rmr(c)$］是附加参数。

在幅度参数中，Ra 最常用。因为它反映轮廓信息最多，能较完整、全面地表达零件表面微观几何特征。国家标准推荐，在常用数值范围（$Ra0.025\sim6.3\mu m$，$Rz0.1\sim25\mu m$）内，应优先选用 Ra 参数，上述范围内用电动轮廓仪能方便地测出 Ra 的实际值。

Rz 也是一个常用的基本评定参数。该参数直观易测，用一般光学仪器，如双管显微镜、干涉显微镜等即可测得。但该参数通常反映轮廓的表面信息有限，不如 Ra 参数全面。Rz 往往用在表面不允许出现较深加工痕迹（防止应力过于集中）的零件。此外，对于仪表、轴承行业中的小零件，往往测量轮廓长度不是一个取样长度，也选用 Rz 数。

在一般情况下，选用 Ra 或 Rz 即可满足要求。只有对一些重要表面有涂镀性、抗腐蚀性、减小流体流动摩擦阻力（比如汽车迎风面）等更多的功能要求时，需要加选 RSm 来控制间距的细密度；对表面的支承刚度和耐磨性有较高要求（如轴承、轴瓦、量具等）时，需加选 $Rmr(c)$ 控制表面的形状特征。

9.2.2 评定参数值的选择

9.2.2.1 评定参数数值的规定

表面粗糙度的评定参数值已经标准化，设计时应根据国家标准规定的参数值系列选取，并优先选用第 1 系列的参数值，如表 9-3～表 9-6 所示。

表 9-3　Ra 的数值　　　　　　　　　　　　　　　　　　　　　μm

第1系列	第2系列	第1系列	第2系列	第1系列	第2系列	第1系列	第2系列
	0.008						
	0.010						
0.012			0.125		1.25		12.5
	0.016		0.160	1.60			16
	0.020	0.20			2.0		20
0.025			0.25		2.5		25
	0.032		0.32	3.2			32
	0.040	0.40			4.0		40
0.050			0.50		5.0		50
	0.063		0.63	6.3			63
	0.080	0.80			8.0		80
0.100			1.00		10.0		100

表 9-4　Rz 的数值　　　　　　　　　　　　　　　　　　　　　μm

第1系列	第2系列	第1系列	第2系列	第1系列	第2系列	第1系列	第2系列
			0.25		5.0	100	
			0.32	6.3			125
	0.020	0.40			8.0		160
0.025			0.50		10.0	200	
	0.032		0.63	12.5			250
	0.040	0.80			16		320
0.050			1.00		20	400	
	0.063		1.25	25			500
	0.080	1.60			32		630
0.100			2.0		40	800	
	0.125		2.5	50			1000
	0.160	3.2			63		1250
0.20			4.0		80	1600	

表 9-5　RSm 的数值　　　　　　　　　　　　　　　　　　　　　μm

第1系列	第2系列	第1系列	第2系列	第1系列	第2系列	第1系列	第2系列
	0.002	0.025			0.25		2.5
	0.003		0.032		0.32		3.2
	0.004		0.040	0.40			4.0
	0.005	0.050			0.50		5.0
0.006			0.063		0.63	6.3	
	0.008		0.080	0.80			8.0
	0.010	0.100			1.00		10.0
0.012			0.125		1.25	12.5	
	0.016		0.160	1.60			
	0.020	0.20			2.0		

表 9-6　Rmr（c）的数值

10	15	20	25	30	40	50	60	70	80	90

注：选用轮廓支承长度率 Rmr（c）时，必须同时给出轮廓水平截距 c 值。c 值可用 μm 或 Rz 的百分数表示。

9.2.2.2　表面粗糙度参数值的选择

表面粗糙度参数值的选择原则是：在满足功能要求的前提下，尽量选择较大的表面粗糙度参数［除 Rmr（c）外］值，以减小加工困难，降低生产成本。

在实际工作中，由于表面粗糙度和零件的功能关系十分复杂，很难准确地确定参数的允许值，因此具体设计时通常采用类比选取。即首先根据经验统计资料初步选定参数值，然后再对比工作条件作适当调整。调整时应考虑如下几点。

① 同一零件上，工作表面的粗糙度参数值比非工作表面小。

② 摩擦表面的粗糙度值应比非摩擦表面小，滚动摩擦表面的值应比滑动摩擦表面的小。

③ 承受交变载荷的表面及易引起应力集中的部分（如圆角、沟槽等），粗糙度参数值要小。

④ 配合性质要求越稳定，其配合表面粗糙度值应越小。配合性质相同时，小尺寸结合面的表面粗糙度值应比大尺寸结合面小；同一精度等级时，轴的表面粗糙度值应比孔的小。

⑤ 表面粗糙度参数值应与尺寸公差及几何公差协调。一般来说，尺寸公差和几何公差小的表面，其粗糙度参数值也要小。表 9-7 列出了在正常的工艺条件下，表面粗糙度参数值与尺寸公差的对应关系。

表 9-7　表面粗糙度参数值与尺寸公差的对应关系

几何公差 t 与尺寸公差 T 的关系	Ra 参数值与尺寸公差 T 的关系
$t \approx 60\% T$	$Ra \leqslant 0.05T$
$t \approx 40\% T$	$Ra \leqslant 0.025T$
$t \approx 25\% T$	$Ra \leqslant 0.012T$
$t < 25\% T$	$Ra \leqslant 0.15T$

⑥ 防腐性、密封性要求高或者外表美观的表面其粗糙度参数值应较小。

⑦ 凡有关标准已对表面粗糙度要求作出规定（如与滚动轴承配合的轴颈和外壳孔、各级精度齿轮的主要表面等），都应按标准选取表面粗糙度参数值。

表 9-8 列出了轴和孔的表面粗糙度参数推荐值，表 9-9 列出了表面粗糙度的表面特征、经济加工方法及应用举例，可供设计时参考。

表 9-8　轴和孔的表面粗糙度参数推荐值

应 用 场 合			$Ra/\mu m$	
	公差等级	表面	基本尺寸/mm	
			$\leqslant 50$	$>50 \sim 500$
经常拆装的配合表面	IT5	轴	$\leqslant 0.2$	$\leqslant 0.4$
		孔	$\leqslant 0.4$	$\leqslant 0.8$
	IT6	轴	$\leqslant 0.4$	$\leqslant 0.8$
		孔	$\leqslant 0.8$	$\leqslant 1.6$
	IT7	轴	$\leqslant 0.8$	$\leqslant 1.6$
		孔	$\leqslant 0.8$	$\leqslant 1.6$
	IT8	轴	$\leqslant 0.8$	$\leqslant 1.6$
		孔	$\leqslant 1.6$	$\leqslant 3.2$

续表

应用场合			Ra/μm		
	公差等级	表面	基本尺寸/mm		
			≤50	>50~120	>120~500
过盈配合的配合表面（压入装配）	IT5	轴	≤0.2	≤0.4	≤0.4
		孔	≤0.4	≤0.8	≤0.8
	IT6~IT7	轴	≤0.4	≤0.8	≤1.6
		孔	≤0.8	≤1.6	≤1.6
	IT8	轴	≤0.8	≤1.6	≤3.2
		孔	≤1.6	≤3.2	≤3.2
过盈配合的配合表面（热装法）		轴	≤1.6		
		孔	≤3.2		
滑动轴承的配合表面	IT6~IT9	轴	≤0.8		
		孔	≤1.6		
	IT10~IT12	轴	≤3.2		
		孔	≤3.2		
	流体润滑条件	轴	≤0.4		
		孔	≤0.8		

应用场合	公差等级	表面	径向跳动/μm					
			2.5	4	6	10	16	25
精密定心零件的配合表面		轴	≤0.05	≤0.1	≤0.1	≤0.2	≤0.4	≤0.8
		孔	≤0.1	≤0.2	≤0.2	≤0.4	≤0.8	≤1.6

表 9-9 表面粗糙度的表面特征、经济加工方法及应用举例

表面微观特征		$Ra/\mu m$	$Rz/\mu m$	加工方法	应用举例
粗糙表面	微见刀痕	≤20	≤80	粗车、粗刨、粗铣、钻、毛锉、锯断	半成品粗加工的表面,非配合的加工表面,如轴端面、倒角、钻孔,齿轮带轮侧面、键槽底面、垫圈接触面等
半光表面	微见加工痕迹	≤10	≤40	车、刨、铣、镗、钻、粗铰	轴上不安装轴承、齿轮处的非配合表面,紧固件的自由装配表面,轴和孔的退刀槽等
	微见加工痕迹	≤5	≤20	车、刨、铣、镗、磨、拉、粗刮、滚压	半精加工表面,箱体、支架、盖面、套筒等和其他零件结合而无配合要求的表面,需要发蓝的表面等
	看不清加工痕迹	≤2.5	≤10	车、刨、铣、镗、磨、拉、刮、滚压、铣齿	接近于精加工的表面,箱体上安装轴承的镗孔表面,齿轮的工作面
光表面	可辨加工痕迹方向	≤1.25	≤6.3	车、镗、磨、拉、刮、精铰、磨齿、滚压	圆柱销、圆锥销,与滚动轴承配合的表面,普通车床导轨面,内、外花键定心表面等
	微辨加工痕迹方向	≤0.63	≤3.2	精铰、精镗、磨、刮、滚压	要求配合性质稳定的配合表面,工作时受交变应力的重要零件,较高精度车床导轨面
	不可辨加工痕迹方向	≤0.32	≤1.6	精磨、珩磨、研磨	精密机床主轴锥孔、顶尖圆锥面,发动机曲轴、凸轮轴工作表面,高精度齿轮齿面
极光表面	暗光泽面	≤0.16	≤0.8	精磨、研磨、普通抛光	精密机床主轴颈表面,一般量规工作表面,汽缸套内表面,活塞销表面等
	亮光泽面	≤0.08	≤0.4	超精磨,镜面磨削、精抛光	精密机床主轴颈表面,滚动轴承的滚珠,高压油泵中柱塞孔和柱塞配合的表面
	镜状光泽面	≤0.04	≤0.2		
	镜面	≤0.01	≤0.05	镜面磨削、超精研	高精度量仪、量块的工作表面,光学仪器中的金属镜面

9.3 表面粗糙度的标注

　　国家标准 GB/T 131—2006《技术产品文件中表面结构的表示法》规定了表面粗糙度符号、代号及其在图样上的注法。

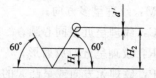

图 9-3　表面粗糙度符号的比例画法

9.3.1 表面粗糙度符号

　　（1）画法及尺寸　表面粗糙度的画法如图 9-3 所示，尺寸如表 9-10 所示。

表 9-10　图形符号和附加标注的尺寸

数字和字母高度 h	2.5	3.5	5	7	10	14	20
符号线宽 d' 字母线宽 d	0.25	0.35	0.5	0.7	1	1.4	2
高度 H_1	3.5	5	7	10	14	20	28
高度 H_2 取决于标注的内容（最小值）	7.5	10.5	15	21	30	42	60

　　（2）含义　表面粗糙度符号的含义如表 9-11 所示。

表 9-11　表面粗糙度符号与含义

符号	含义及说明
√	基本图形符号，未指定工艺方法的表面。当有补充或辅助说明时可单独使用
√	扩展图形符号，表示用去除材料方法获得的表面。加工方法主要有：车、铣、钻、磨、剪切、抛光、腐蚀、电火花加工、气割等
√	扩展图形符号，表示用不去除材料方法获得的表面，也可用保持原供应状况的表面（或保持上道工序形成的表面）。加工方法主要有：铸、锻、冲压变形、热轧、冷轧、粉末冶金等
√ √ √	完整图形符号，加一横线是用于标注补充信息（标注有关参数和说明）若在文本中用文字表达，三种图形符号分别用 APA，MRR，NMR 代替
√ √ √	加一圆圈表示图样中的某个视图构成封闭轮廓的各表面（不含其他表面）有相同的表面结构要求。若标注会引起歧义时，各表面应分别标注

9.3.2 表面粗糙度代号

　　（1）组成　表面粗糙度代号是由表面粗糙度符号、参数代号、参数数值及补充要求组合形成的。其中补充要求的注写如图 9-4 所示。

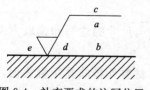

图 9-4　补充要求的注写位置

　　① 位置 a　注写表面粗糙度的单一要求。

　　② 位置 a 和 b　注写两个或多个表面粗糙度要求。

　　③ 位置 c　注写加工方法、表面处理、涂层或其他加工工艺要求，如车、磨、镀等。

　　④ 位置 d　注写所要求的表面纹理和纹理的方向。常见

的表面纹理符号有＝、⊥、X、等，含义分别介绍如下。

　＝：纹理平行于标注代号的视图的投影面；

　⊥：纹理垂直于标注代号的视图的投影面；

　X：纹理呈两相交的方向；

　M：纹理呈多方向；

　C：纹理呈近似同心圆；

　R：纹理呈近似放射形；

　P：纹理无方向或呈凸起的细粒状。

⑤ 位置 e　　注写所要求的加工余量值，以 mm 为单位。

（2）示例　表面粗糙度代号示例及含义如表 9-12 所示。

表 9-12　表面粗糙度代号示例及含义

符号	含义	符号	含义
$Ra\ 3.2$	采用任何方法获得的表面粗糙度，Ra 的上限值为 $3.2\mu m$	$Rz\ 6.3$	采用去除材料方法获得的表面粗糙度，Rz 的上限值为 $6.3\mu m$
$Ra\ 3.2$ $Ra\ 1.6$	采用去除材料方法获得的表面粗糙度，Ra 的上限值为 $3.2\mu m$，Ra 的下限值为 $1.6\mu m$	$Rz\ 3.2$ $Rz\ 1.6$	采用去除材料方法获得的表面粗糙度，Rz 的上限值为 $3.2\mu m$，Rz 的下限值为 $1.6\mu m$
$Ra\ 3.2$	采用不去除方法获得的表面粗糙度，Rz 的上限值为 $3.2\mu m$	$Ra\ 3.2$ $Rz\ 12.5$	采用去除材料方法获得的表面粗糙度，Ra 的上限值为 $3.2\mu m$，Rz 的上限值为 $12.5\mu m$
$Rz\ max\ 6.3$	采用去除方法获得的表面粗糙度，Rz 的上限值为 $6.3\mu m$，采用最大规则	$Ra\ 0.8$ ⊥	采用去除材料方法获得的表面粗糙度，Ra 的上限值为 $3.2\mu m$，表面纹理垂直于视图的投影面
3 $Ra\ 12.5$	采用去除材料方法获得的表面粗糙度，Ra 的上限值为 $12.5\mu m$，加工余量为 3mm	磨 $Rz\ 1.6$	采用磨削方法获得的表面粗糙度，Rz 的上限值为 $3.2\mu m$
Fe/Ep·Cr50 $Ra\ 0.8$	采用不去除方法获得的表面粗糙度，Ra 的上限值为 $0.8\mu m$，钢件，镀铬	Cu/Ep·Ni5bCr0.3r $Rz\ 1.6$	采用不去除方法获得的表面粗糙度，Rz 的上限值为 $1.6\mu m$，铜件，镀镍、铬，对封闭轮廓的所有表面有相同的表面粗糙度要求

9.3.3　表面粗糙度在图样上的标注

在图样上，表面粗糙度要求对每一表面一般只标注一次，并尽可能标注在相应的尺寸及其公差的同一视图上。除非另有说明，所标注的表面结构要求是对完工零件表面的要求。

9.3.3.1　标注规定

标注的总原则是：表面粗糙度的注写、读取方向应与尺寸的注写、读取方向一致。

表面粗糙度在图样上的标注有如下规定。

① 标注的总原则是：表面粗糙度参数的注写和读取方向应与尺寸的注写和读取方向一致，如图 9-5 所示。

② 表面粗糙度可标注在轮廓线上或延长线上，其符号应从材料外指向并接触表面，如图 9-6 所示。

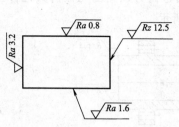
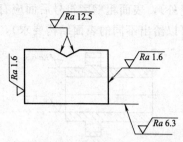

图 9-5　粗糙度要求的注写方向　　　　图 9-6　粗糙度要求标注在轮廓线上或轮廓延长线上

③ 表面粗糙度符号也可用带黑点或箭头的指引线引出标注，如图 9-7 所示。

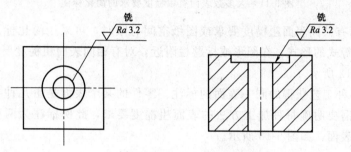

图 9-7　用指引线引出标注粗糙度要求

④ 在不致引起误解时，表面粗糙度可以标注在给定的尺寸线上，如图 9-8 所示。

⑤ 标注在圆柱和棱柱表面上（只标注一次）。如果每个棱柱表面有不同的表面粗糙度要求，则应分别单独标注，如图 9-9 所示。

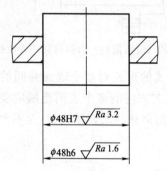
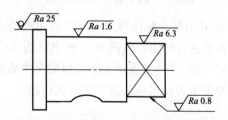

图 9-8　粗糙度要求标注在尺寸线上　　　图 9-9　圆柱和棱柱的表面结构要求注法

⑥ 表面粗糙度可以标注在几何公差框格的上方，如图 9-10 所示。

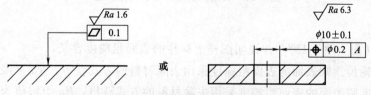

图 9-10　粗糙度要求标注在形位公差框格的上方

⑦ 有相同表面粗糙度要求的简化标注。如果零件的多数（包括全部）表面具有相同的表面结构要求，则其表面粗糙度可统一标注在图样的标题栏附近。此时（除了全部表面有相

同要求的情况外），表面粗糙度符号后面应有圆括号（括号内可以给出无任何其他标注的基本符号；也可以给出不同的表面结构要求），如图 9-11 所示。

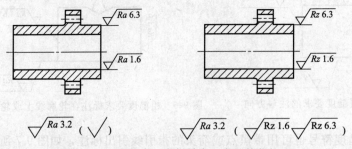

图 9-11 大多数表面有粗糙度要求的简化标注

⑧ 多个表面有共同表面粗糙度要求或图纸空间有限时，可采用简化标注，即用带字母的完整符号，以等式的形式，在图形或标题栏附近，对有相同表面粗糙度要求的表面进行简化标注，如图 9-12 所示。

⑨ 两种或多种工艺获得的同一表面的标注。零件的某个表面是由几种不同的加工工艺方法获得，并且需要明确每种加工方法的表面粗糙度要求，此例标注为两种工艺（镀覆前后）获得的同一表面，如图 9-13 所示。

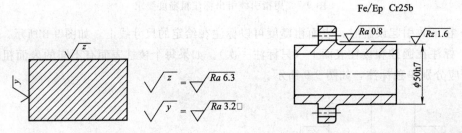

图 9-12 在图纸空间有限时的简化注法　　图 9-13 两种工艺（镀覆前后）获得的同一表面的注法

⑩ 其他简化标注样式：只用表面粗糙度符号，以等式的形式对多个表面共同的表面粗糙度要求进行标注，如图 9-14 所示，图（a）为未指定工艺方法的多个表面粗糙度要求的简化注法，图（b）为要求去除材料的多个表面粗糙度要求的简化注法，图（c）为不允许去除材料的多个表面粗糙度要求的简化注法。

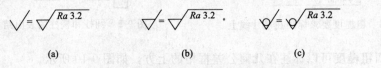

(a)　　　　　　　　　(b)　　　　　　　　　(c)

图 9-14 只用粗糙度符号的简化注法

9.3.3.2　示例

读齿轮零件图（图 9-15），并说明图样上标注的表面粗糙度含义。

答：① 齿轮齿顶圆表面的表面粗糙度采用去除材料的方式获得，Ra 上限值为 $1.6\mu m$；

② 齿轮分度圆表面的表面粗糙度采用去除材料的方式获得，Ra 上限值为 $0.8\mu m$；

③ $\phi 20mm$ 内孔表面的表面粗糙度采用去除材料的方式获得，Ra 上限值为 $1.6\mu m$；

④ 键槽两侧面的表面粗糙度采用去除材料的方式获得，Ra 上限值为 $1.6\mu m$；

⑤ 其余表面的表面粗糙度采用去除材料的方式获得，Ra 上限值为 $3.2\mu m$。

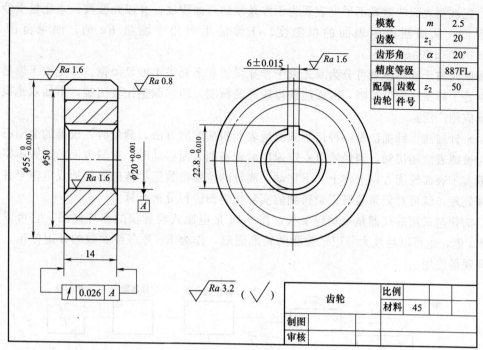

图 9-15 齿轮零件图

9.4 表面粗糙度的检测

测量表面粗糙度参数值时,若图样上无特别注明测量方向,则应在数值最大的方向上测量。一般来说就是在垂直于表面加工纹理方向的截面上测量。对无一定加工纹理方向的表面(如电火花、研磨等加工表面),应在几个不同的方向上测量,并取最大值为测量结果。此外,测量时还应注意不要把表面缺陷如沟槽、气孔、划痕等包括进去。目前,表面粗糙度常用的检测方法有:比较法、光切法、光干涉法、针描法和印模法等。

(1)比较法 比较法是把被测零件表面与表面粗糙度样板通过视觉、触感或其他方法进行比较,从而估计出被测表面粗糙度的一种测量方法。

表面粗糙度样板是以不同的加工方法制成的一组金属块,其上标有一定评定参数值。使用时,样板的材料、表面形状、加工方法和加工纹理方向等均应尽可能与被测零件表面一致,否则将产生较大的误差。在生产实际中,也可以从成批的零件中选取几个零件,测出表面粗糙度值,以作为比较检验的样板。

比较法测量器具简单,使用方便,能满足一般的生产需要,适宜于车间检验,但其精度较低,很大程度上取决于检验人员的经验。

(2)光切法 光切法是应用光切原理来测量零件表面的粗糙度的方法。常用的仪器是光切显微镜(又称双管显微镜)。该仪器适宜于测量车、铣、刨等加工方法所加工零件的平面和外圆表面。光切法主要用于测量 Rz 值,测量范围为 $Rz0.5\sim60\mu m$。

(3)干涉法 干涉法是利用光波干涉原理测量表面粗糙度的方法。其原理是将一个光源发出的光,用分光的办法分成两束(或多束)光。其中有一束光到达被测零件的表面,再经不同的光路,使两束(或多束)光相互叠加。由于光程差而产生双光束(或多光束)干涉的现象，把被测表面的微观不平度表现为干涉条纹的弯曲程度，并以光波波长来度量干涉条纹弯曲程度，从而测得该表面的粗糙度。干涉法主要用于测量 Rz 值，测量范围一般为 $Rz0.05\sim0.80\mu m$。

按照光波干涉的原理可分为双光束干涉显微镜和多光束干涉显微镜。多光束干涉显微镜的优点是干涉条纹细而清晰，因而能获得较高的精度，但它调整比较困难，不如双光束干涉显微镜应用广泛。

（4）针描法　针描法是一种接触式测量表面粗糙度的方法。测量时，仪器的金刚石触针针尖与被测表面相接触，当触针以一定速度沿着被测表面移动时，被测表面的微观不平使测针在垂直于表面轮廓方向上作上、下移动，测针的位移参数通过传感器转换成电信号并加以放大和处理，就可对记录装置记录得到的实际轮廓图进行分析计算。

目前普遍采用的仪器是电动轮廓仪，图 9-16 是电感式轮廓仪的原理框图。它可以直接读出 Ra 值，也可以经放大器记录被测的轮廓图形，作为 Rz 等多种参数的评定依据，并能在车间现场使用。

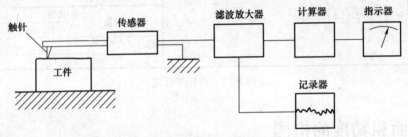

图 9-16　针描法测量原理框图

（5）印模法　在实际检测过程中，常常会遇到一些既不使用一般粗糙度仪器直接进行测量，又不宜使用表面粗糙度样块来比较的零件表面。如深孔、盲孔、凹槽、内螺纹以及一些特殊部位的表面。此时可采用下面两种方法来解决：一种为设计制造现有仪器的辅助装置或专用测量仪器；一种为采用印模法间接测量。

印模法是一种间接的测量方法，它的原理是利用一些无流动性和弹性的塑性材料，贴合在被测表面上，将被检查的表面轮廓复制成印模，然后测量印模，以评定被加工零件表面的粗糙度值。

印模材料与印模法的准确度直接相关。常用的印模材料有：①赛璐珞或有机玻璃；②固塔依波胶（又称马来亚树胶）；③硫磺粉；④川蜡（又称四川虫蜡）；⑤金属材料及低熔点合金材料等。

由于印模材料的强度和硬度都不高，一般不能用接触测量法，以免由于测量力引起印模表面轮廓变形。因此，对用非金属材料制成的印模，应用非接触法测量。

$Ra12.5\sim80\mu m$ 的表面，可在工具显微镜上测量；$Ra0.025\sim12.5\mu m$ 的表面，可在光切显微镜上测量；$\leqslant Ra0.025\mu m$ 的表面，可在干涉显微镜上测量。也可以用测量压力比较小的表面轮廓仪来进行测量。对印模的表面粗糙度测量结果还需进行修正。

习题与思考题

1. 表面粗糙度对零件的使用性能有哪些影响？

2. 为何规定取样长度和评定长度？两者有何关系？

3. 表面粗糙度评定参数 Ra 和 Rz 的含义是什么？

4. 选择表面粗糙度参数时，应考虑哪些因素？

5. 将下列给定的表面粗糙度要求标注在图中，各加工面均采用去除材料方法获得：

（1）轮齿侧面（工作表面）为 Ra 0.8mm；

（2）键槽两侧面为 Ra 3.2mm；

（3）键槽底面为 Ra 3.2mm；

（4）ϕD 内圆表面为 Ra 6.3mm；

（5）其余表面为 Ra 12.5mm。

6. 圈出左图中表面粗糙度标注的错误，并将正确标注画在右图。

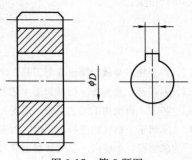

图 9-17　第 5 题图

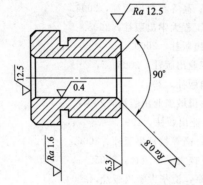

图 9-18　第 6 题图

参 考 文 献

[1] 芦福桢. 金属切削原理与刀具. 北京：机械工业出版社，2008.

[2] 韩广利，曹文杰. 机械加工工艺基础. 天津：天津大学出版社，2009.

[3] 杨方. 机械加工工艺基础. 西安：西北工业大学出版社，2004.

[4] 宋绪丁. 机械制造技术基础. 西安：西北工业大学出版社，2004.

[5] 陈锡渠，彭晓南. 金属切削原理与刀具. 北京：中国林业出版社，北京大学出版社，2006.

[6] 冯之敬. 制造工程与技术原理. 北京：清华大学出版社，2004.

[7] 刘烈元，刘兆祥. 机械加工工艺基础. 北京：高等教育出版社，2006.

[8] 赵长发. 机械制造工艺学. 哈尔滨：哈尔滨工程大学出版社，2008.

[9] 范崇洛. 机械加工工艺学. 南京：东南大学出版社，2009.

[10] 王金凤. 机械制造工程概论. 北京：航空工业出版社，2005.

[11] 朱正心. 机械制造技术. 北京：机械工业出版社，2004.

[12] 戴起勋. 零件的结构工艺性300例. 北京：机械工业出版社，2004.

[13] 孔德音. 机械加工工艺基础. 北京：机械工业出版社，1997.

[14] 邓文英. 金属工艺学（第5版下册）. 北京：高等教育出版社，2006.

[15] 周世权. 机械制造工艺基础. 武汉：华中科技大学出版社，2005.

[16] 傅水根. 机械制造工艺基础（第2版）. 北京：清华大学出版社，2004.

[17] 袁根福，祝锡晶. 精密与特种加工技术. 北京：北京大学出版社，2007.

[18] 吉卫喜. 机械制造技术. 北京：机械工业出版社，2001.

[19] 全国产品和几何技术规范标准化技术委员会. 产品几何技术规范（GPS）技术产品文件中表面结构的表示法. 北京：中国标准出版社，2007.

[20] 全国产品和几何技术规范标准化技术委员会. 产品几何技术规范（GPS）极限与配合. 北京：中国标准出版社，2009.

[21] 中国标准出版社第三编辑室. 产品几何技术规范标准汇编　几何公差卷. 北京：中国标准出版社，2010.

[22] 周兆元，李翔英. 互换性与测量技术基础. 北京：机械工业出版社，2011.

[23] 胡凤兰. 互换性与测量技术基础. 北京：高等教育出版社，2010.

[24] 王长春，孙步功. 互换性与测量技术基础. 北京：北京大学出版社，2010.